KB133836

미래를 읽다 과학이슈 11

Season 10

미래를 읽다 과학이슈 11 Season**10**

2판 2쇄 발행 2022년 5월 20일

글쓴이   김재완 외 10명
편집장   류지상
편집   이충환 이용혁
디자인   이유리 문지현

펴낸이   이경민
펴낸곳   ㈜동아엠앤비
출판등록   2014년 3월 28일(제25100-2014-000025호)
주소   (03737) 서울특별시 서대문구 충정로 35-17 인촌빌딩 1층
전화   (편집) 02-392-6901 (마케팅) 02-392-6900
팩스   02-392-6902
전자우편   damnb0401@naver.com
SNS   ⨍ ⓘ 🅝

ISBN 979-11-6363-390-7 (04400)

미래를 읽다

과학이슈 11

Season 10

김재완 외 10명 지음

동아 엠앤비

코로나19,
전자담배에서 플라잉카, 양자컴퓨터까지
최신 과학이슈를 말하다!

2020 년 현재 국내외적으로 가장 큰 이슈는 전 세계를 강타하고 있는 신종 코로나바이러스 감염병, 즉 코로나19(COVID-19)라고 할 수 있다. 2019년 말 중국에서 시작된 코로나19는 전 대륙으로 확산되면서 전 세계를 마비시키고 있기 때문이다. 세계 경제, 교역, 여행뿐만 아니라 함께 모여서 대화하고 먹고 마시는 일상도 불가능해지고 있어 더욱 안타깝다. 코로나19의 확산세는 꺾이지 않고 있으며, 코로나19에 대응하기 위한 백신과 치료제는 개발이 한창이며, 코로나19로 인한 변화는 코로나19가 잠잠해지더라도 쉽게 바뀌지 않을 것이라는 전망도 나오고 있다.

이에 이번 『과학이슈11 시즌10』에서는 코로나19 관련 이슈를 코로나19의 발생 현황과 대처방법, 코로나19 백신과 치료제, 포스트 코로나 시대라는 3가지 분야의 이슈로 나눠서 심층적으로 다루었다. 코로나19 바이러스는 어떻게 종간 장벽을 뛰어넘었을까? 무증상 환자는 왜 나타날까? 야외에서도 마스크를 써야 하나? 코로나19 백신과 치료제는 언제쯤 출시될까? 그리고 포스트 코로나 시대는 과학기술로 어떻게 대처해야 할까?

코로나19 외에도 국내외적으로 과학 분야나 과학 관련 분야에서 많은 사건이 있었다. 예를 들어 소위 'n번방 사건'이란 디지털 성범죄 사건은 일반 국민의 공분을 샀고, 액상형 전자담배 안전 논란은 해외뿐만 아니라 국내에서도 아직 해소되지 않은 상황이다. 2019년 10월 구글이 자신들의 양자컴퓨터가 양자우월성을 달성했다. 즉 슈퍼컴퓨터의 성능을 능가했다고 발표하면서 양자컴퓨터가 주목받고 있으며, 지난 1월 초 현대자동차도 개발에 뛰어들면서 플라잉카도 미래 교통수단으로서 화제가 되고 있다. 최근 국내외를 뜨겁게 달군 과학이슈를 조금 더 구체적으로 살펴보자.

소위 'n번방 사건'은 지난 3월 20일 지상파 방송 3사가 저녁 뉴스로 크게 보도하면서 전 국민에게 알려졌다. 이 디지털 성범죄는 보안이 뛰어난 메신저와 추적하기 쉽지 않은 암호화폐를 거래에 이용하는 식으로 저질러졌다. 그럼에도 불구하고 범죄자들의 행적은 디지털 포렌식이란 수사 기법 덕분에 많은 사실이 드러났다. 구체적으로 어떻게 가능했을까?

2019년 8월부터 미국에서 액상형 전자담배로 인한 폐질환이 보고된 이후, 2020년 1월 미국 정부는 가향(flavored) 액상 전자담배 중 담배향이나 박하향을 제외한 나머지 제품의 판매를 금지하기로 했다. 보건복지부와 질병관리본부는 2019년 10월부터 액상형 전자담배 사용 중단을 강력하게 권고했다. 반면 영국에서는 흡연자에게 '금연의 징검다리'로 전자담배 사용을 권장하고 있다. 과연 액상형 전자담배는 얼마만큼 유해할까?

2019년 10월 구글이 양자우월성을 실현했다는 주장에 대해 IBM은 "아직 그 정도는 아니다"라고 반박하고 있다. 과연 구글은 어떻게 양자우월성을 달성한 것일까? 그리고 양자컴퓨터를 개발하는 데 필요한 양자비트, 양자 알고리즘, 양자 하드웨어는 무엇일까?

최근 미래 교통수단으로 개인형 항공기인 플라잉카가 주목받고 있다. 특히 지난 1월 초에 진행된 '국제 소비자가전 전시회(CES)'에서는 현대자동차가 세계적 차량공유 업체 우버와 협력해 플라잉카의 콘셉트 모델을 내놓으면서 더 화제가 됐다. 플라잉카는 어떤 모습으로 우리에게 다가올까? 또한 플라잉카는 미래 교통을 어떻게 바꿀까?

이 외에도 구멍이 뚫리거나 균열이 생기면 스스로 복구하는 자기치유 소재, 지난 5월 8일 정부가 청주시에 짓기로 발표한 4세대 원형 방사광가속기, 한때 초신성으로 폭발할지 모른다는 예측이 나왔던 오리온자리의 베텔게우스, 합성생물학이라는 신기술까지 동원해 식물의 광합성을 모방하려는 인공광합성 등이 최근 국내에서 관심을 받았던 과학이슈였다.

요즘에는 과학적으로 중요한 이슈, 과학적인 해석이 필요한 굵직한 이슈가 급증하고 있다. 이런 이슈들을 깊이 있게 파헤쳐 제대로 설명하기 위해 전문가들이 머리를 맞댔다. 국내 대표 과학 매체의 편집장, 과학 전문기자, 과학 칼럼니스트, 관련 분야의 연구자 등이 최근 주목해야 할 과학이슈 11가지를 선정했다. 이 책에 소개된 11가지 과학이슈를 읽다 보면, 관련 이슈가 우리 삶에 어떤 영향을 미칠지, 그 이슈는 앞으로 어떻게 전개될지, 그로 인해 우리 미래는 어떻게 바뀌게 될지 생각하는 힘을 기를 수 있다. 이를 통해 사회현상을 심층적으로 분석하다 보면, 일반교양을 쌓을 수 있을 뿐만 아니라 각종 논술이나 면접 등을 준비하는 데도 여러모로 도움이 될 것이라 본다.

2020년 9월 편집부

ISSUE 11

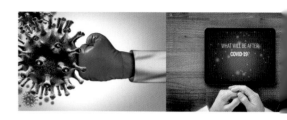

contents

〈들어가며〉 **코로나19, 전자담배에서 플라잉카, 양자컴퓨터까지**
최신 과학이슈를 말하다! 4

ISSUE 1 **[전염병] COVID-19 · 이충환**
코로나19 어떻게 극복할까? **10**

ISSUE 2 **[질병치료] 코로나 백신과 치료제 · 강규태**
코로나19 백신과 치료제, 언제쯤 개발되나? **30**

ISSUE 3 **[미래전망] 포스트 코로나 · 한세희**
포스트 코로나 시대 과학기술, 어떻게 바뀔까? **48**

ISSUE 4 **[재료공학] 자기치유 소재 · 전승민**
자기치유 소재, 어디까지 가능할까? **70**

ISSUE 5 **[IT] 디지털 범죄 수사 · 박응서**
n번방과 가상화폐, 디지털 범죄자 어떻게 찾아내나? **90**

ISSUE 6 **[건강 · 의학] 전자담배 유해성 · 김범용**
전자담배는 일반 담배보다 덜 유해한가? **108**

ISSUE 7 [컴퓨터] 양자컴퓨터 · 김재완

양자컴퓨터가 기존 슈퍼컴퓨터보다 뛰어난가? **128**

ISSUE 8 [신기술] 미래 교통, 플라잉카 · 김청한

플라잉카는 미래 교통을 어떻게 바꿀까? **148**

ISSUE 9 [물리] 대한민국 입자가속기 · 최영준

우리나라에 가속기가 왜 필요할까? **168**

ISSUE 10 [천문학] 초신성 폭발 · 이광식

베텔게우스, 초신성으로 폭발할까? **188**

ISSUE 11 [생명과학] 인공광합성 · 강석기

친환경 '그린수소' 인공광합성 시대 다가온다 **206**

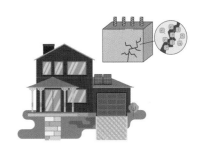

1

COVID-19

이충환

서울대 대학원에서 천문학 석사학위를 받고, 고려대 과학기술학 협동과정에서 언론학 박사학위를 받았다. 천문학 잡지 《별과 우주》에서 기자 생활을 시작했고 동아사이언스에서 《과학동아》, 《수학동아》 편집장을 역임했으며, 현재는 과학 콘텐츠 기획 · 제작사 동아에스앤씨의 편집위원으로 있다. 옮긴 책으로 『상대적으로 쉬운 상대성이론』, 『빛의 제국』, 『보이드』, 『버드 브레인』 등이 있고 지은 책으로는 『블랙홀』, 『칼 세이건의 코스모스』, 『반짝반짝, 별 관찰 일지』, 『재미있는 별자리와 우주 이야기』, 『재미있는 화산과 지진 이야기』, 『지구온난화 어떻게 해결할까?』, 『과학이슈 11 시리즈(공저)』 등이 있다.

코로나19 어떻게 극복할까?

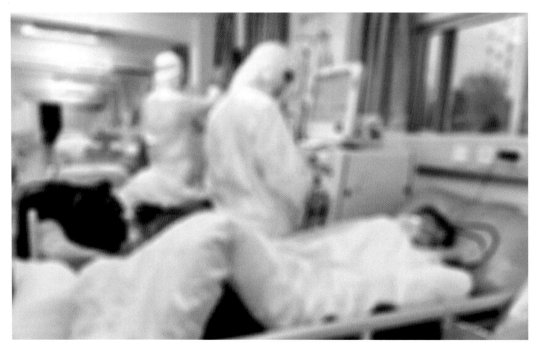

코로나19에 감염된 것으로
의심되는 환자가 병실에
격리된 채 누워 있다.

2019년 12월부터 2020년 8월 현재까지 전 세계가 신종 감염병의 공포 속에 시달리고 있다. 세계보건기구(WHO)가 '코비드(COVID)-19'라고 공식 명명한 신종 코로나바이러스 감염병이다. 코로나바이러스 감염병(Corona Virus Disease)의 영어 줄임말에 발생 연도(2019)의 끝 두 자리 숫자를 붙인 것이다. 국내에서는 정부가 '코로나바이러스감염증-19', 즉 '코로나19'로 부르기로 했다.

코로나19(COVID-19)는 현시대를 감염병 발생 이전과 이후로 나눠야 한다는 주장이 나올 정도로 그 영향력이 막대하다. 일각에서는 인류가 코로나19 발생 이전으로 결코 돌아갈 수 없다는 주장도 나오고 있다. 코로나19의 발생 현황, 증상과 진단 원리, 예방법 등을 살펴보면서 코로나19를 극복하려면 어떻게 해야 하는지 생각해 보자.

전 세계 코로나19 발생 현황

2019년 12월 31일 중국 후베이성 우한시 위생건강위원회가 원인불명의 폐렴 환자 27명이 발생해 격리 치료 중이라고 발표했다. 초기에는 원인을 알 수 없는 호흡기 전염병이라 '우한 폐렴'이라 불렸지만, WHO는 2020년 1월 9일 이 폐렴의 원인이 '신종 코로나바이러스(SARS-CoV-2)'라는 병원체로 확인됐다고 발표했다.

코로나19의 최초 감염은 중국 우한에서 2019년 12월 12일 일어난 것으로 추정된다. 하지만 최초 발생일로부터 19일이나 지난 12월 31일에야 집단 발병 사실이 외부에 공개되면서 전염 확산에 대한 우려가 커졌다. 중국 당국은 2020년 1월 1일 환자들이 다녀간 화난수산시장을 폐쇄했지만, 1월 11일 중국에서 코로나19로 인한 첫 사망자(61세 남성)가 나왔다. 중국 정부는 발생 초기에 전염 사실을 은폐하면서 초기 대응에 실패했다. 처음엔 코로나19의 사람 간 감염 가능성이 낮다고 주장했지만, 1월 21일 우한 의료진 15명이 확진 판정을 받았다며 사람 간 감염을 공식 확인했다. 우한시 지방정부는 1월 23일 대중교통 운영을 전면 중단하며 한시적 봉쇄 결정을 내렸지만, 이 또한 늑장 대응이었다. 이미 수많은 우한 시민들이 중국 최대 명절 춘절 연휴를 전후로 중국 내 다른 도시와 외국으로 떠난 상황이었기 때문이다.

중국에서 시작된 코로나19는 2020년 1월 우리나라를 포함해 일본, 태국, 베트남, 싱가포르, 대만 등 아시아 지역에서 환자가 발생했으며, 이어 미국, 캐나다, 프랑스, 독일, 호주 등 북미·유럽·오세아니아에서도 확진자가 나오면서 전 세계로 전파됐다. 이에 WHO는 1월 27일 코로나19의 글로벌 수준 위험 수위를 '보통'에서 '높음'으로 상향했고, 1월 30일 '국제적 공중보건 비상사태'를 선포했다. 2월에는 이집트, 브라질 등 아프리카·남미에서도 확진자가 나타나면서 코로나19는 전 대륙으로 확산됐다. 이후 이탈리아와 이란에서 감염자와 사망자가 급증했고 유럽 주요 국가와 미국에서도 확진자가 속출하면서 사태가 심각

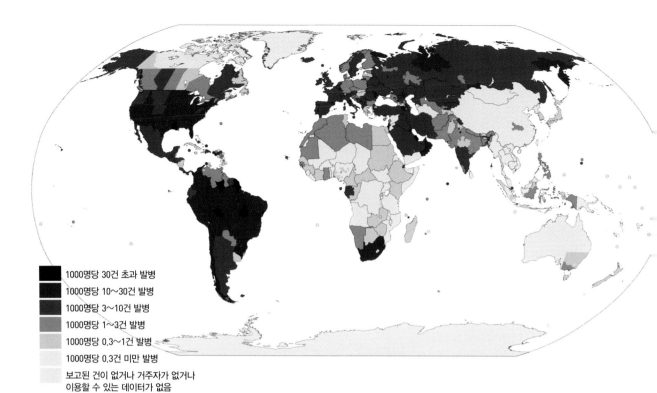

전 세계 코로나19 발병 현황
8월 31일 현재 전 세계적으로 코로나19는
발원지로 알려진 중국(우한)에서 확진자가
줄고 있지만, 유럽, 북미, 남미 등에서
확진자가 증가하고 있다. 우리나라에서는
확진자의 추가 발생을 막기 위해 애쓰고
있다. © Raphaël Dunant, Gajmar

해졌다. WHO는 3월 11일 감염 확산세가 계속되자 코로나19의 팬데믹(세계적 대유행)을 선언했다. WHO가 감염병의 팬데믹을 선포한 것은 1968년 홍콩 독감, 2009년 신종 플루에 이어 세 번째였다.

8월 26일 기준으로 전 세계 182개국에서 코로나19의 확진자가 나왔으며, 전 세계 총확진자 수는 2400만 명을, 전 세계 사망자는 82만 명을 각각 넘어섰다. 이 확진자 수는 2009년 전 세계적으로 대유행했던 신종 플루의 감염자(670만여 명)보다 무려 3.5배가량 많으며, 코로나19의 잠정 치명률은 약 3.4%로 신종 플루의 치명률(약 0.3%)보다 10배이상 높다는 의미다.

코로나바이러스는 어떻게 종간 장벽을 뛰어넘었나

보통 감기의 원인이 되는 바이러스가 코로나바이러스다. 주로 호흡기와 소화기에 감염병을 일으키는 것으로 알려져 있다. 그동안 대부분의 코로나바이러스는 비교적 가벼운 증세를 유발했지만, 코로나19를 비롯해 사스, 메르스가 인체에 심각한 해를 가하면서 많은 이들의 주목을 받았다.

코로나19는 발병 초기에 중국에서 오판했지만, 결국 인간에게 감염을 일으키는 것으로 확인됐다. 이로써 코로나바이러스 중에서 인간에게 감염을 일으키는 종은 이제 7종이 됐다. 7종 가운데 2종(HCoV-OC43, HCoV-HKU1)은 쥐 같은 설치류에서, 5종(HCoV-NL63, HCoV-229E, 사스, 메르스, 코로나19)은 박쥐에서 유래한 것으로 알려져 있다.

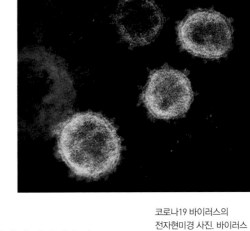

코로나19 바이러스의 전자현미경 사진. 바이러스 외피에 돌기(스파이크 단백질)가 나 있어 왕관처럼 보인다. ⓒ NIAID-RML

그렇다면 박쥐의 몸속에 있던 코로나바이러스가 어떻게 종간 장벽을 뛰어넘어 인간에게까지 전파됐을까. 코로나바이러스는 유전정보가 이중나선으로 된 DNA가 아니라 한 가닥으로 된 RNA로 구성된 바이러스라서 변종이 되기 쉽다. 전문가들은 2가지 가능성을 제시한다. 즉 유전적 돌연변이가 생겼거나 돌연변이 없이 유전자 재조합만으로 새로운 코로나바이러스가 탄생했을 가능성이다. 학계에서는 코로나바이러스가 유전자 재조합 비율이 높기 때문에 돌연변이보다 유전자 재조합 가능성에 무게를 두고 있다.

코로나19는 사스나 메르스처럼 박쥐에서 유래한 것으로 추정되는데, 박쥐에서 인간으로 전파되는 과정에 개입한 중간 숙주에 대해서는 추가 연구가 필요하다. 사스의 중간 숙주는 사향고양이, 메르스의 중간 숙주는 낙타로 밝혀져 있지만, 코로나19의 경우 뱀, 천산갑 등이 중간 숙주로 거론되고 있다. 현재 많은 과학자가 코로나19의 발원지를 알아내기 위해 노력하고 있다.

WHO는 코로나19 바이러스(SARS-CoV-2)를 유전자와 해당 유전자가 만드는 단백질의 아미노산 종류에 따라 S, V, G 등 3개 그룹(clade, 계통군)으로 구분했다. 게다가 WHO가 운영하는 유전자 정보사이트(GISAID)에서는 약 3만 개에 달하는 코로나19 바이러스 게놈 염기서열 중 9개를 '표지(마커)'로 삼고 이 염기서열의 종류 조합을 기반으로

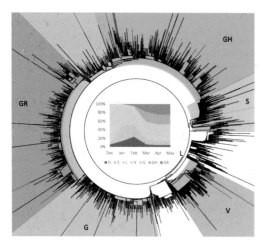

코로나19 바이러스의 분류
WHO가 운영하는 유전자 정보사이트(GISAID)에서는 코로나19 바이러스를 S, V, L, G, GH, GR, 기타(O) 등 7개 그룹(clade)으로 분류하고 있다. 2019년 말 중국 우한에서 처음 등장한 것으로 추정되는 바이러스가 L 그룹으로 구분됐고, 염기서열의 변화에 따라 S와 V 그룹이 등장했으며, 이후 G 그룹의 비중이 점차 늘어나면서 GH와 GR 그룹으로 세분화됐다.
© WHO GISAID

해 S, V, L, G, GH, GR, 기타 등 7개 그룹으로 분류하고 있다. GISAID에서는 2019년 말 중국 우한에서 처음 등장한 것으로 추정되는 코로나19 바이러스 중 하나를 L 그룹으로 구분하고 참고 기준으로 정했다. 이후 염기서열의 변화에 따라 S와 V 그룹이 등장했는데, 코로나19 유행 초기에는 중국을 포함한 아시아 지역에서 주로 S, V 그룹이 확인됐다. 2020년 2월에는 G 그룹이 나타났다. 이는 614번째 아미노산이 아스파트산(D)에서 글리신(G)으로 바뀌는 변이가 일어난 것이다. 이후 G 그룹의 비중이 점차 늘어나면서 GH와 GR 그룹으로 세분화됐다. 유럽, 북미, 남미 등 전 세계로 확산되면서 G, GH, GR 그룹이 주로 유행하고 있다.

WHO GISAID의 코로나19 바이러스 분류체계

연번	분류체계(clade)		분류 대상 유전자	분류 대상 아미노산
1	S 그룹		ORF8	L84S
2	V 그룹		NS3	G251V
3	G 그룹	G 그룹	S	D614G
4		GH 그룹	S	D614G
			N	G204R
5		GR 그룹	S	D614G
			NS3	Q57H
6	L 그룹		WIV04 분리주(우한 분리주)와 유전적 근연성	
7	기타		6개 분류체계에 속하지 않는 바이러스	

© WHO GISAID

우리나라 코로나19 발생 현황

우리나라에서 확인된 코로나19의 첫 확진자는 2020년 1월 20일 중국 우한에서 인천공항으로 입국한 30대 중국인 여성이었다. 1월 24

일 우한에서 귀국한 50대 한국인이 두 번째로 확진됐고, 1월 26일과 27일에도 각각 우한에서 귀국한 50대 남성들이 3, 4번째 확진자로 밝혀졌다. 이에 1월 27일 정부는 감염병 위기경보를 '경계' 단계로 높였으며 보건복지부 장관이 본부장을 맡는 중앙사고수습본부가 설치됐다.

국내 확진자 수는 2월 17일까지는 30명대를 유지했지만, 2월 18일 이후 신천지 대구교회에서 집단 감염이 발생하고 경북 청도 대남병원에서 확진자가 속출하면서 대폭 증가했다. 결국 정부는 2월 23일 총 확진자가 600명을 넘어서자 감염병 위기경보를 최고 단계인 '심각' 단계로 상향해 대응 체계를 강화했다. 심각 단계 발령은 2009년 신종 플루 이후 두 번째였고, 이에 따라 중앙사고수습본부는 중앙재난안전대책본부로 격상됐다.

정부는 대구, 경북 청도와 경산을 감염병 특별관리지역으로 지정하고 신천지 교인들에 대한 대규모 전수 검사를 하면서 3월 12일부터 확진자 수가 감소세로 돌아섰다. 한때 수도권의 콜센터와 교회에서 집단 감염 사례가 나오고 유럽, 미국 등 해외 유입으로 인한 확진자가 증가하기도 했지만, 정부와 국민의 노력 덕분에 1일 신규 확진자는 4월 9일 30명대로 떨어졌고 5월 6일에는 2명까지 감소하기도 했다. 이에 정부는 5월 6일부터 '생활 속 거리 두기(사회적 거리 두기 1단계)'로 전환했다. 이후 클럽, 교회, 학원, 방문판매업체 등 단체 시설에서 집단 감염 사례가 계속 나왔음에도 불구하고 1일 신규 확진자 수는 두 자리에 머물렀다.

그러다가 8월 15일 서울 도심에서 열린 대규모 집회, 교회, 실내 체육시설 등에서의 집단 감염 여파로 전국 13개 시도에 걸쳐 신규 확진자가 급증했다. 즉 1일 신규 확진자 수가 세 자리로 높아지면서 신천지 사태 이후 '2차 대유행' 조짐이 나타나고 있다. 당분간 코로나19는 위생 관리나 방역이 느슨해진다면 언제든 확진자가 늘어나 우리 일상과 건강을 혼란에 빠뜨릴 것으로 예상된다.

8월 31일 기준으로 우리나라의 누적 확진자는 1만 9947명이고 사망자는 324명이다. 이를 연령대별로 살펴보면, 고령층이 코로나19에 상당히 취약함을 확인할 수 있다. 누적 확진자 수는 20대(21.66%)가 60대(14.88%)보다 더 많지만, 사망자 수는 20대(0%)보다 60대(12.96%)가 더 많기 때문이다. 20대 이하에서는 아직까지 사망자가 나타나지 않고 있는 반면, 60대 이상은 전체 사망자의 93.21%를 차지하고 있다. 결국 감염경로는 다양해도 인명피해는 고령층에 집중되고 있는 셈이다.

국내 확진자 성별 현황(8월 31일 0시 기준)

구분	확진자	사망자	치명률
남성	9025명(45.24%)	172명(53.09%)	1.91%
여성	1만 922명(54.76%)	152명(46.91%)	1.39%

* 치명률 = (사망자 수 / 확진자 수) × 100 ⓒ 중앙재난안전대책본부

국내 확진자 연령별 현황(8월 31일 0시 기준)

구분	확진자	사망자	치명률
80세 이상	786명(3.94%)	163명(50.31%)	20.74%
70~79세	1464명(7.34%)	97명(29.94%)	6.63%
60~69세	2968명(14.88%)	42명(12.96%)	1.42%
50~59세	3639명(18.24%)	16명(4.94%)	0.44%
40~49세	2692명(13.5%)	4명(1.23%)	0.15%
30~39세	2491명(12.49%)	2명(0.62%)	0.08%
20~29세	4320명(21.66%)	0명(0.00%)	–
10~19세	1145명(5.74%)	0명(0.00%)	–
0~9세	442명(2.22%)	0명(0.00%)	–

* 치명률 = (사망자 수 / 확진자 수) × 100 ⓒ 중앙재난안전대책본부

전 세계에서 주목받은 K-방역

우리나라가 코로나19에 대응하기 시작한 초기에는 확진자가 중국 다음으로 빠르게 증가했다. 그 이유에 대해 전 세계 주요 외신들은 한국의 높은 진단 역량과 한국 사회의 개방성·투명성 때문이라고 분석했다. 즉 외신들은 우리 정부의 적극적인 대처, 신속하고 전방위적인 검사 능력, 국민의 극복 노력 등을 높이 평가했다. 코로나19가 전 세계에 확

산되는 상황에서 'K-방역'이 전 세계의 주목을 받기도 했다.

정부는 1월 말에서 2월 초 사이에 중국 우한 교민을 이송하기 위해 전세기를 3차례 투입했고, 3월과 4월에는 이란, 페루, 이탈리아 등에 전세기를 투입해 교민의 귀국을 도왔다. 3월 19일부터 국내로 들어오는 모든 사람은 입국장에서 발열 검사를 받고 특별검역신고서를 제출하도록 했으며, 3월 22일부터는 유럽발 입국자에 대해, 4월 13일부터는 미국발 입국자에 대해 코로나19 전수검사를 의무적으로 실시했고, 4월 1일부터는 모든 국가에서 한국으로 들어오는 입국자에 대해 2주간 자가격리를 의무화했다.

국회는 2월 26일 코로나19 사태와 관련해 감염병 유행 지역 입국 금지 근거, 환자 강제 입원 규정 등을 골자로 한 감염병예방법·검역법·의료법 개정안 등 코로나3법을 통과시켰다. 감염병예방법 개정안에는 감염병이 유행하거나 유행할 우려가 있는 지역에 체류하거나 이 지역을 경유한 사람에게 자가격리나 시설격리, 증상확인, 조사·진찰 등의 조치를 취할 수 있다는 내용이 포함됐다. 그리고 검역법 개정안은 감염병 유행 지역 또는 유행 우려 지역에서 온 외국인이나 그 지역을 경유한 외국인의 입국 금지를 복지부 장관이 법무부 장관에 요청할 수 있도록 했다. 또한 의료법 개정안에는 의사가 진료 도중 감염병 의심자를 발견했을 때 지방자치단체 또는 보건소장에 신고하는 등의 의료기관 운영기준이 명시됐다.

코로나19로 인해 전국 모든 초중고교는 사상 처음으로 온라인 개학을 했다. 애초 교육부가 정했던 날짜보다 늦춰진 4월 9일부터 진학을 앞둔 고3, 중3 수험생부터 순차적으로 진행됐다. 5월 20일부터는 순차적으로 등교하기도 했지만, 코로나19가 재확산되자 많은 학교가 등교 수업을 중단하고 원격 수업으로 전환했다.

전 세계가 부러워하는 우리나라 코로나19 대처의 핵심 중 하나는 '확진자 동선 및 정보 공개'다. 해외에서는 개인정보 보호가 엄격해 쉽게 따라 하기 힘들겠지만, 우리나라는 '재난 및 안전관리 기본법'에 따

차를 타고 와서 코로나19 검사를 받을 수 있는 '드라이브 스루 선별진료소'. 우리나라에서 드라이브 스루 방식을 코로나19 검사에 처음 적용해 전 세계적인 주목을 받았다.

라 '주의' 이상의 위기경보 발령 시 감염병 환자의 이동경로, 접촉자 현황 등을 공개하도록 했다. 특히 3월 26일부터 국토교통부는 과기정통부와 질병관리본부와 함께 '코로나19 역학조사 지원시스템'을 정식 운영하고 있다. 이는 '감염병 예방 및 관리에 관한 법률'에 따른 역학조사 절차를 자동화하는 시스템으로, 대규모 도시데이터를 수집해 처리하는 스마트시티 연구개발 기술을 활용한 것이다. 덕분에 확진자 동선파악에 걸리는 시간은 기존의 하루 이상에서 10분 이내로 줄어들었다.

K-방역의 핵심은 역시 진단에 있다. 특히 우리나라는 코로나19 확진자가 급증한 2020년 2월부터 '드라이브 스루 선별진료소'를 시행하면서 전 세계의 호평을 받았다. 코로나19 확진 여부를 파악하기 위해 차량에 탑승한 채 창문을 통해 문진, 검진(발열 체크 포함), 검체(檢體) 채취를 거친 뒤 차량 소독을 받을 수 있는 선별진료소를 뜻한다. 본래 드라이브 스루는 소비자가 매장에 들어가지 않고 차에 탄 채로 햄버거나 음료를 주문할 수 있는 방식이다. 이를 코로나19 진단에 활용해 환자와의 접촉을 최소화하고 검사시간을 줄임으로써 의료기관 내 감염과 전파 위험을 차단하는 것이 드라이브 스루 선별진료소의 목적이다.

증상 다양한데, 진단은 어떻게?

코로나바이러스는 대부분 박쥐, 인간 같은 포유류를 숙주로 삼는다. 구체적으로 코로나19 바이러스가 숙주의 기관지 세포에 들어가면 유전체 RNA에서 필요한 단백질을 바로 만들어 증식할 수 있다. 세포실험에 의하면, 코로나19 바이러스는 3일간 최대 1만 배까지 증식할 수 있다고 한다.

코로나19 바이러스는 전파력이 상당히 높다. 한국생명공학연구원 류충민 박사에 따르면, 일반적인 코로나바이러스보다 20배 정도 빨리 인체 세포에 들어갈 수 있다. 실제로 코로나19 바이러스를 직접 세포에 떨어뜨리면 기존의 코로나바이러스보다 훨씬 빨리 들어간다고 한다. 코로나19 바이러스는 인간 세포의 수용체에 딱 맞도록 외피의 스파이크 단백질(바이러스 표면의 돌기 모양 단백질)이 변화됐고, 침입 단계에 필요한 효소도 인간 세포에 최적화돼 있기 때문이다. 또 플라스틱 표면에 달라붙어도 바로 죽지 않고 48시간 동안이나 살아남아 감염을 일으킬 수 있다. 그리고 코로나19 바이러스는 감염된 사람이 2명 이상을 감염시키고, 또 다른 사람을 감염시킬 때 그 감염력이 약화되지 않는다. 코로나19의 잠복기는 평균 7~14일로 추정된다.

보통 코로나19는 환자가 기침할 때 나오는 침방울(비말)을 통해 바이러스가 퍼진다. 환자가 잡은 문고리를 만지거나 환자와 악수를 하거나 대화를 하다가 감염되기도 한다. 코로나19의 증상은 다양하다. 미국 서던캘리포니아대 연구진에 따르면, 감염 초기에는 발열(오한)로 시작해 기침, 근육통을 거쳐 메스꺼움이나 구토, 그리고 끝으로 설사 순으로 진행된다. 이 외에 인후통, 콧물, 피로감, 두통, 호흡곤란 등의 증상이 나타나기도 하며, 특이하게 미각이나 후각을 상실해 맛을 못 느끼거나 냄새를 못 맡기도 한다. 또한 중증 폐렴을 유발할 가능성이 있어 위험하다.

코로나19로 의심되는 증상이 나타나면, 보통 대상자의 상기도로 면봉을 집어넣어 입안 상피세포에서 얻은 검체에서 바이러스의 유전자가 있는지 확인하고, 바이러스의 유전자가 검출되면 양성으로 판단한다. 구체적으로 대상자의 검체에서 코로나19 바이러스의 RNA가 존재하는지를 진단하는 것이다. 검체

코로나19 환자의 폐 CT 사진. 폐와 소엽 사이막에서 경화된 밝은 부분이 군데군데 보인다.
© Military Medical Research

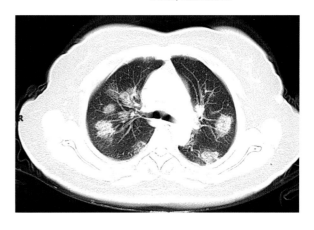

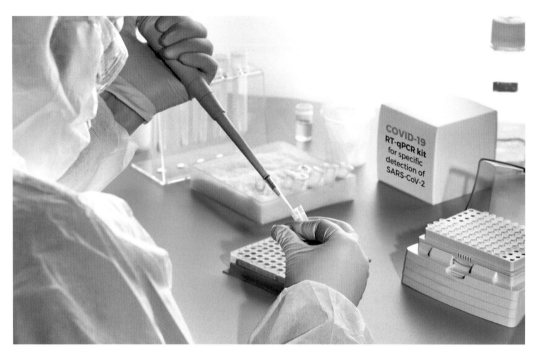

중합효소연쇄반응(PCR) 키트를 대상자의 검체에 적용해 코로나19의 진단검사를 하고 있다.

에서 RNA를 추출하고 역전사반응을 이용해 바이러스 RNA를 DNA로 전환한 뒤 중합효소연쇄반응(PCR)으로 DNA를 증폭해 바이러스 감염 여부를 가린다. 상피세포에 바이러스가 존재하더라도 그 양이 매우 적기 때문에 PCR을 통해 바이러스의 유전자 양을 증폭해 확인하는 것이다. PCR이 진행되면 복제과정이 한 주기(사이클)가 끝날 때마다 유전자 양이 2배로 늘어나는데, 이를 여러 번 반복한다.

특히 실시간 중합효소연쇄반응(Real Time PCR)을 적용한 진단법이 효과적이다. 기존의 PCR에 형광물질을 함께 넣어 유전자 증폭 과정을 실시간으로 확인하는 방식이다. 유전자를 증폭하는 사이클마다 결과가 분석되기 때문에 기존 방법에 비해 PCR 시간을 절반으로 줄일 수 있다. 질병관리본부는 실시간 PCR을 이용한 신속검사법을 개발해 검증을 마치고 1월 31일부터 적용하기 시작했다. 이 검사법은 검사 6시간 이내에 결과를 확인할 수 있다.

한편 코로나19 확진자 중에는 무증상 환자도 있다. 무증상 환자는 코로나19 바이러스가 몸속에 있지만 PCR 검사에서 검출되지 않는 경우를 말한다. '위음성(false negative)'이라고도 하는데, 이는 기술적 한계로 보인다. 즉 바이러스 개수가 어느 수준 이상 있어야 PCR에 잡히는데, 그 수준 아래에 있어서 PCR에 안 잡힌다는 뜻이다. 이를 극복할 수 있는 기술이 필요하다. 원숭이 실험을 보면, 감염되고 나서 하루 이틀만에 몸속에서 바이러스가 대폭 증가하다가 4일부터 급격하게 줄어들고 1주일이 지나면 거의 없어진 상태가 된다. 이 상태가 무증상 환자의상태다. 보통 무증상 환자는 자신에게 큰 문제가 안 된다. 문제는 바이러스를 증폭시켜 전파함으로써 노인과 기저 질환자에게 치명적일 수 있다는 점이다.

효과적인 마스크 착용법

코로나19는 아직까지 효과적인 백신이나 치료제가 나오지 않은 상황이라 방역과 예방 조치가 중요하다. 그중 하나가 마스크 착용이다. 발병 초기에 미국이나 유럽에서는 일반인이 예방 차원에서 마스크를 쓰는 행위를 꺼리는 것이 보통이었다. 마스크를 쓴 일반인, 특히 동양인이 오히려 비난의 대상이 되기도 했다. 하지만 우리나라에서는 초창기부터 질병관리본부 차원에서 모든 국민에게 마스크 쓰기를 권장했다. 2020년 5월 26일부터는 버스, 택시, 철도에서 마스크 착용 의무화를 실시했다.

미국치과협회 연구에 따르면, 마스크를 끼지 않은 채 일반인과 코로나19 감염자가 접촉할 경우 감염 확률이 무려 90%인 반면, 둘 다 마스크를 착용하면 감염률이 1.5%로 크게 떨어지는 것으로 밝혀졌다. 일반인만 마스크를 써도 감염률이 70%로 줄어들고 감염자만 마스크를 착용할 경우 5%로 대폭 낮아졌다. 또한 일본 게이오대학에서는 마스크 차단 효과를 보여주는 실험을 했다. 실내 공기의 입자 수가 7400여 개였는데, 마스크를 피부에 밀착시키지 않고 적당히 걸쳤을 때 마스크 안 입자 수는 1500~2500개로 떨어졌으며, 마스크를 얼굴에 밀착해서 착용

재채기할 때 비말이 퍼지는 양상. 호흡기 비말은 최대 8m 이상 확산할 수 있기 때문에 코로나19 예방에 마스크 착용이 필수적이다. ⓒ CDC

했을 때는 마스크 안 공기 입자가 최저 500여 개로 크게 줄었다.

그렇다면 어떤 마스크를 써야 할까. 전문가들은 비말이 튀는 것을 차단하는 효과와 편안한 착용감을 고려해 마스크를 선택해야 한다고 입을 모은다. 흔히 KF94, KF80 같은 고성능 마스크가 감염병 예방에 더 효과적이라고 생각하기 쉽다. KF94 마스크는 평균 0.4μm(마이크로미터, 1μm=100만분의 1m) 크기의 미세 입자를 94% 막아주고, KF80 마스크는 평균 0.6μm 크기의 미세 입자를 80% 차단한다. 하지만 무덥고 습한 날씨에는 고성능 마스크를 쓰고 다니기 힘들다. 마스크를 쓸 때 코를 내놓거나 아예 턱에 걸치기도 하는데, 이러면 비말 차단 효과가 없다. 여름철에는 가볍고 통기성이 좋은 수술용 마스크(덴탈 마스크)의 수요가 높아졌다. 6월 1일 식약처는 이와 유사한 비말 차단용 마스크(KF-AD)를 새로 의약외품으로 지정하기도 했다. 덴탈 마스크와 비말 차단용 마스크는 0.4~0.6μm 크기의 입자를 55~80% 걸러낸다.

한편 면 마스크는 덴탈 마스크에 비해 비말 차단 효과가 떨어진다. 그럼에도 마스크를 착용하는 목적 중 하나가 오염된 손으로 코와 입을 만지는 행위를 피하는 것이므로, 대중교통을 이용할 때처럼 사람이 밀접한 곳에서 장시간 마스크를 써야 한다면 면 마스크를 써도 무방하다. 만약 사람의 밀집도가 낮아서 2m 이상 거리 두기가 충분한 야외라면 마스크를 잠시 벗고 편히 호흡해도 괜찮다. 물론 사람이 밀집해 있어 2m 거리 두기가 불가능하다면 야외라도 마스크를 쓰는 게 좋다.

5대 개인 방역 기본 수칙

개인 방역 기본 수칙의 경우 5월 9일 질병관리본부에서 5가지를 공개했는데, 이를 중심으로 자세히 살펴보자.
제1 수칙은 '아프면 3~4일 집에 머물기'. 열이
나거나 기침, 가래, 인후통, 코막힘 등 호흡기
증상이 있으면 집에 머물며 3~4일간 쉬어야
한다. 이때는 주변 사람과 만나는 것을 피하
고 집에 사람이 있으면 마스크를 쓰고 생활해
야 하며, 불가피하게 외출할 때도 반드시 마
스크를 착용해야 한다. 휴식 후 증상이 없어
지면 일상에 복귀하면 되지만, 휴식 중 38℃
이상의 고열이 지속되거나 증상이 심해지면
보건소나 콜센터(1339, 지역번호+120)에 문
의해야 한다.

코로나19 바이러스의 전파를
막으려면 마스크를 착용하고
손소독제를 사용해야 한다.

　　제2 수칙은 '사람과 사람 사이에 두 팔 간격 건강 거리 두기'. 환기
가 안 되는 밀폐된 공간 또는 사람이 많이 모이는 곳은 되도록 가지 않
아야 한다. 일상생활에서 사람과 사람 사이에 2m의 거리를 두고 아무
리 좁아도 1m 이상의 거리를 두어야 한다. 이렇게 하면 대화, 기침, 재
채기 등을 통해 침방울(비말)이 튀는 위험을 줄일 수 있다. 만나는 사람
과 악수 또는 포옹도 하지 않아야 한다.

　　제3 수칙은 '30초 손 씻기, 기침은 옷소매로'. 식사 전, 화장실 이
용 후, 외출 후, 코를 풀거나 기침 또는 재채기를 한 뒤 30초 이상 비누
로 손을 씻거나 손소독제를 사용해 손을 깨끗이 해야 한다. 꼼꼼하게 손
을 씻으면 오염된 손을 거쳐 바이러스가 몸 안으로 들어오는 것을 막을
수 있다. WHO는 손소독제를 만들 때 에탄올 80%, 글리세롤 1.45%,
과산화수소 0.125% 비율이 되도록 멸균 증류수 또는 끓인 물과 섞도
록 권고하고 있다. 에탄올 대신 이소프로필 알코올 75%를 사용해도 된
다. 예를 들어 96% 에탄올을 이용해 1L 소독제를 만들려면, 96% 에탄
올 833.3ml, 3% 과산화수소 41.7ml, 98% 글리세롤 14.5ml를 섞고 증
류수나 끓인 물 110.5ml 넣어 1L를 맞추면 된다. 전문가들은 정확한 조

質병관리본부에서 마련한
5대 개인방역 기본수칙. 즉
'아프면 3~4일 집에 머물기',
'두 팔 간격 건강 거리
두기', '30초 손씻기, 기침은
옷소매', '매일 두 번 이상
환기, 주기적 소독', '거리는
멀어져도 마음은 가까이'를
실천하자는 것이다.
ⓒ 질병관리본부

성을 맞추기 어려운데, 에탄올 농도를 60~80%로 맞추기만 해도 소독
력이 있다고 조언한다. 알코올 성분이 코로나19 바이러스 외피의 스파
이크 단백질을 녹여 증식을 억제하기 때문이다. 그리고 씻지 않은 손으
로는 눈, 코, 입을 만지지 않는 것이 좋다. 기침이나 재채기를 할 때 휴
지 혹은 옷소매 안쪽으로 입을 가려야 한다.

제4 수칙은 '매일 2번 이상 환기, 주기적 소독'. 자연 환기가 가능한 경우 창문은 항상 열어두고, 계속 열지 못하는 경우 매일 2회 이상 주기적으로 환기해야 한다. 이렇게 하면 코로나19 바이러스가 들어 있는 침방울의 공기 중 농도를 낮출 수 있기 때문이다. 가정, 사무실 등 일상적 공간은 항상 깨끗이 청소하고, 전화기, 리모컨, 손잡이, 탁자, 키보드처럼 손이 자주 닿는 물건은 주 1회 이상 소독해야 한다. 공공장소처럼 여럿이 오가는 공간은 승강기 버튼, 출입문, 난간, 문고리처럼 손이 자주 닿는 곳과 카트 같은 공용 물건은 매일 소독해야 한다. 소독할 때는 소독제(70% 에탄올 등), 차아염소산나트륨(일명 가정용 락스 희석액 등)에 따라 용량, 용법 등에 관한 제조사의 권고사항을 준수해 안전하게 사용해야 한다. 소독을 할 때는 소독제를 적신 천이나 헝겊 등으로 닦는 방식이 좋다. 하지만 분무소독은 물체 표면의 바이러스가 재분산되고 공기 중에 퍼져 인체에 노출될 수 있기 때문에 권장하지 않는다.

제5 수칙은 '거리는 멀어져도, 마음은 가까이'. 모이지 않더라도 가족, 가까운 사람들과 자주 연락하며 마음으로 함께할 기회를 만든다. 소외되기 쉬운 취약계층을 배려하는 마음을 나누고 실천하며, 코로나19 환자, 격리자 등에 낙인을 찍어 차별하지 않아야 한다. 의심스러운 정보를 접했을 때 신뢰할 수 있는지 출처를 확인하고 가짜 뉴스는 공유하지 않는다. 코로나19는 한 사람이 아니라 우리 모두의 노력이 있어야 극복할 수 있기 때문이다.

지금은 '사회적 거리 두기' 몇 단계인가?

일부 전문가들은 처음엔 코로나19가 2020년 여름에 끝날 줄로 예상하기도 했다. 보통 여름이 되면 코점막에 수분이 많아져서 대부분의 바이러스는 중간에 걸리므로 하기도인 폐 쪽으로 못 가기 때문이다. 하지만 코로나19 바이러스는 예상과 달리 그렇지 않은 것 같다. 실제 코로나19의 발병률은 계절별로 큰 차이가 없다.

2020년 초에 나온 논문에 따르면, 코로나19로 인해 여름에 남반

코로나19를 예방하려면, 엘리베이터 버튼처럼 사람 손이 많이 닿는 부분은 소독제를 적신 헝겊으로 닦는 것이 좋다.

구, 특히 아프리카와 남미가 굉장히 위험할 것이라고 예측했는데, 실제로 여름에 아프리카와 남미(브라질, 우루과이, 칠레 등)에서 상당히 많은 수가 코로나19로 사망했다. 이 시나리오에 따르면, 2020년 9월 말부터 10월 중순 사이에 코로나19 바이러스가 다시 북반구를 공격해 사망자 수가 1차 대유행(웨이브) 때(3~6월)보다 5배 이상 높아질 것이라고 한다. 코로나19의 2차 대유행이 올 것이라는 뜻이다. 20세기 초 전 세계에 유행했던 스페인 독감은 2차 웨이브 때 1차 웨이브 때보다 4.5배 더 죽었는데, 이때보다 더 심각한 상황이 펼쳐질 수도 있다는 얘기다.

국내에서는 질병관리본부와 중앙재난안전대책본부를 중심으로 코로나19 상황에 대처하고 있으며, 정부는 코로나19 확진자가 증가하면서 지역 사회 감염을 차단하기 위해 '사회적 거리 두기'라는 이름으로 일반 국민의 생활 수칙을 권고하고 있다. 2020년 6월 28일부터 각종 거리 두기의 명칭을 '사회적 거리 두기'로 통일하고, 코로나19 확산의 심각성과 방역조치의 강도에 따라 1~3단계로 구분해 대책을 시행하고 있다. 그러다 8월 중순 수도권을 중심으로 확진자가 급증하자 8월 19일 서울, 경기, 인천 지역에 강화된 사회적 거리 두기 2단계 조치를 내렸고, 8월 23일부터는 2단계 조치를 전국으로 확대하기도 했다.

코로나19로 인해 우리는 지금껏 겪지 못한 세상을 경험하며 살아가고 있다. 함께 웃고 떠들며 먹고 마시는 일상을 즐길 수 없게 된 채 가능하면 거의 모든 활동을 비대면으로 해야 하는 상황이 모두에게 힘들다. 이런 상황이 금방 호전되지 않을 것이기 때문에 '코로나 블루'라는 우울증을 걱정해야 하는 처지이기도 하다.

전 세계의 많은 과학자가 코로나19 바이러스에 대처할 치료제와 백신을 개발하기 위해 노력하고 있으나, 아직은 좀 더 기다려야 한다.

급하게 치료제나 백신이 나온다는 소식도 들리지만, 일각에서는 백신보다 마스크가 더 효과적일 것이라는 주장도 나오고 있다. 일부 전문가들은 코로나19 백신이 나오더라도 홍역이나 소아마비처럼 평생 면역이 가능하지 않고 단기 면역에 그칠 가능성이 있다고 설명한다. 중앙임상위원회에서는 코로나19 확산을 100% 예방할 백신을 기대하기 어렵다며 사실상 백신보다 마스크가 더 효과적이라고 선언하기도 했다. 앞으로 등장할 코로나19 백신을 맞는다고 해도 마스크 착용을 게을리하면 안 될지도 모른다.

코로나19에 걸리지 않으려면 당분간 마스크를 착용하는 것을 게을리해서는 안 된다. 일부 전문가들은 코로나19 대응에 백신보다 마스크가 더 효과적일 수 있다고 강조하기 때문이다.

국내 방역수칙 단계별 전환 참고 지표

구분(최근 2주간)	사회적 거리 두기		
	1단계(생활 속 거리 두기)	2단계	3단계
상황	의료체계가 감당 가능한 수준에서 소규모의 산발적 유행이 확산과 완화를 반복하는 상황	통상적인 의료체계가 감당할 수 있는 수준을 넘어 지역사회에서 유행이 지속해 확산하는 단계	지역사회에서 다수의 집단감염이 발생하면서 급속도로 확산되는 대규모 유행 상황
일일 확진환자 수(지역사회 환자 중시)	50명 미만	50~100명 미만	100~200명 이상, 1주 2회 더블링 발생(일일 확진환자 수가 2배로 증가하는 경우가 1주일 이내에 2회 이상 발생)
감염경로 불명 사례 비율	5% 미만	–	급격한 증가
관리 중인 집단 발생 현황	감소 또는 억제	지속적 증가	급격한 증가
방역망 내 관리 비율	증가 또는 80% 이상	–	–
실행 방안	방역 수칙을 준수하는 가운데 일상적인 경제활동 허용	불요불급한 외출 및 모임, 다중이용시설 이용 자제	필수적인 사회경제활동 외의 모든 활동에 대해 원칙적 금지

ⓒ 중앙재난안전대책본부

코로나 백신과 치료제

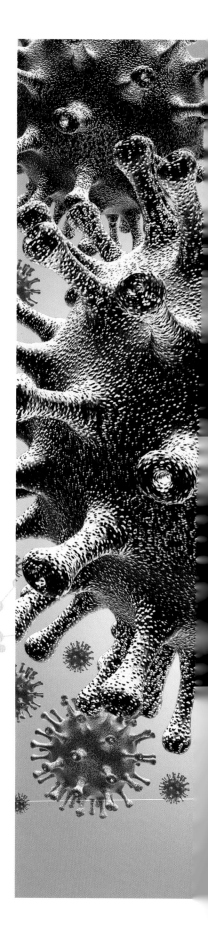

강규태

포스텍 생명과학과를 졸업하고 서울대학교 과학사 및 과학철학 협동과정
에서 과학철학 석사학위를 받았다. 석사논문은 과학적 실재론 논쟁에 대해
썼고, 현재 같은 과정의 박사과정에서 생명과학철학 · 심리철학 분야를 공
부하고 있다. 생명과학이 인간의 마음에 대해 어떤 것을 알려줄 수 있는지
에 대해 관심을 갖고 있는데, 특히 생명과학에서 쓰이는 기능 개념을 이용
해 심적 상태의 지향성을 자연주의적으로 해명하는 이론을 중점적으로 연
구할 계획이다.

코로나19 백신과 치료제,
언제쯤 개발되나?

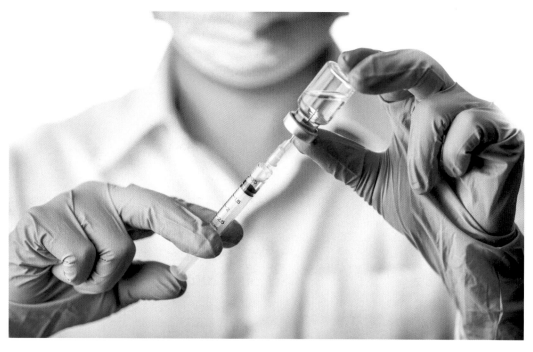

현재 코로나19에 대처하기
위해 다양한 백신과 치료제가
개발되고 있다.

코로나바이러스감염증-19(이하 '코로나19')는 2020년 8월 현재 전 세계에서 2000만 명을 훌쩍 넘긴 엄청난 수의 감염자와 수십만 명의 사망자를 발생시키는 등 무서운 기세로 퍼져나가고 있다. 이에 따라 예방 및 치료를 위한 백신과 치료제 개발이 시급한 과제로 떠올랐다. 현재 개발되고 있는 코로나19 백신과 치료제는 어떤 원리로 작용하는지, 개발 현황은 어떠한지 자세히 알아보자.

코로나바이러스란?

'코로나바이러스'는 사람을 비롯한 여러 동물에 호흡기 감염을 일으키는 여러 종의 바이러스를 가리킨다. 코로나바이러스라는 이름은 바이러스의 외피(겉껍질, envelope)에 스파이크(단백질 돌기)가 돋아 있는 모습이 마치 왕관(코로나)을 연상시킨다고 해서 붙었다. 코로나바이러스 중에는 흔한 감기를 일으키는 종류도 있지만, 2003년 사스(SARS) 유행을 일으킨 SARS-CoV, 2015년 메르스(MERS) 유행을 일으킨 MERS-CoV와 같이 심각한 질병을 야기하는 종류도 있다. 2020년 현재 유행하고 있는 코로나19는 사스를 일으킨 SARS-CoV의 변종인 SARS-CoV-2(이하 '코로나19 바이러스')의 감염에 의해 일어난다. 코로나바이러스들은 일반적으로 호흡기의 일차 관문인 상기도(코, 후두 등)만 감염시키지만, 심각한 감염을 일으키는 종들은 폐까지 감염시킨다. 코로나19가 폐렴 증상을 나타내는 이유도 바이러스가 상기도를 넘어 폐까지 깊숙이 침투하기 때문이다.

코로나바이러스는 유전 물질인 RNA를 외피가 둘러싸고, 외피에는 단백질 스파이크가 나 있는 형태이다. RNA는 DNA와 유사한 물질로, 대부분의 생물은 DNA를 유전 물질로 사용하고 RNA는 DNA의 정보를 세포 내의 다른 곳으로 보낼 때 사용한다. 그런데 코로나바이러스를 비롯한 일부 바이러스는 RNA 자체를 유전 물질로 사용한다. RNA는 DNA보다 불안정해 변이를 자주 일으키기 때문에, RNA를 유전 물질로 사용하는 바이러스에서 쉽게 변종이 출현한다. 코로나19 역시 원래 야생동물의 체내에 살던 코로나바이러스가 변이를 일으켜 인간까지 감염시킬 수 있게 되면서 나타난 것으로 알려져 있다.

바이러스는 스파이크가 숙주 생물의 세포막에 있는 수용체와 잘 맞는 구조여야 숙주 생물의 세포 내에 침입할 수 있다. 그런데 사람 세포의 수용체와는 잘 맞지 않는 스파이크를 가진 기존 코로나바이러스의 RNA가 변이를 일으키고, 이로 인해 스파이크 모양이 변형되면서 사람도 감염시킬 수 있게 된 것이다. 이처럼 코로나19 바이러스는 이전에는 사람에게 감염되지 않았던 바이러스이기 때문에 사람들은 아직 코로나19 바이러스에 대한 면역을 갖고 있지 않다. 이와 같은 이유로 코로나

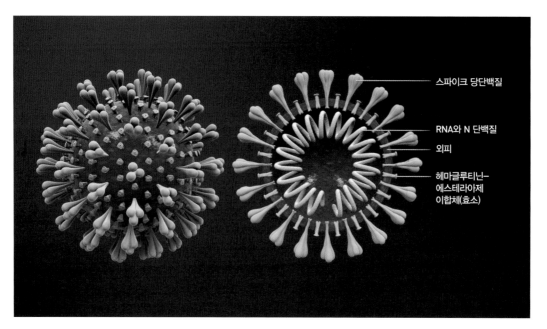

스파이크 당단백질

RNA와 N 단백질

외피

헤마글루티닌-
에스테라아제
이합체(효소)

코로나바이러스의 구조
코로나바이러스는 유전
물질인 RNA를 외피가
둘러싸고, 외피에 단백질
스파이크가 나 있는 구조다.
코로나19 바이러스는
기존 코로나바이러스의
RNA가 변이를 일으켜
스파이크 모양이 사람
세포의 수용체에 잘 맞도록
변형되면서 사람도 감염시킬
수 있게 됐다. ⓒ Scientific
Animations

19를 예방하고 치료하기 위해서는 새로운 백신과 치료제 개발이 필요
하다.

백신의 작용 원리

우리 몸은 기생충, 아메바, 곰팡이, 박테리아(세균), 바이러스 등
수많은 병원체(병을 일으키는 생물 혹은 물질)에 항상 노출되어 있다.
그럼에도 불구하고 인체가 그 병원체들이 일으키는 병에 잘 걸리지 않
는 것은 병원체의 감염에 맞서 싸우는 방어 체계인 면역이 있기 때문이
다. 각종 질병을 예방해주는 백신도 그 자체가 바이러스를 죽이는 것이
아니라, 면역 반응을 촉발시켜 질병을 막는다. 그러므로 백신의 작용 원
리를 이해하기 위해서 먼저 면역 체계에 대해 이해할 필요가 있다.

면역은 다양한 과정을 통해 이루어지는데, 크게 선천 면역과 후천
면역으로 나눌 수 있다. 선천 면역은 어떤 병원체가 체내로 들어왔는지
와 상관없이 즉각적으로 반응하는 면역 체계이다. 선천 면역에는 병원

체가 체내에 들어오지 못하도록 물리적인 방식으로 막고, 체내에 들어오더라도 즉각적으로 파괴·분해하는 작용들이 포함된다. 우선 피부는 우리 몸 밖에 있는 병원체들이 몸 안으로 들어오지 못하도록 막는다. 특히 피부에서 분비되는 땀이나 피지에는 약한 산성 물질이 있어 병원체를 죽이기도 한다. 그리고 눈물, 침, 위산 등의 분비물에도 살균제 역할을 하는 물질이 들어 있다. 이런 방어막을 뚫고 병원체가 몸에 들어오더라도 면역 세포가 병원체를 먹어버리는 포식 작용, 면역 세포를 불러모으는 염증 반응 등을 통해 병원체가 제거된다.

선천 면역은 다양한 종류의 병원체에 대응할 수 있고 즉각적으로 반응한다는 장점이 있지만, 선천 면역만으로 처리할 수 없는 병원체도 있다. 이 경우 후천 면역의 도움이 필요하다. 후천 면역은 선천 면역과 달리 특정 병원체를 집중적으로 공격한다. 후천 면역의 핵심은 병원체에 결합해 병원체를 무력화시키는 '항체'를 만들어내는 것이다. 항체는 'Y' 자 모양으로 생긴 단백질로, 양팔처럼 생긴 부분은 특정 병원체의

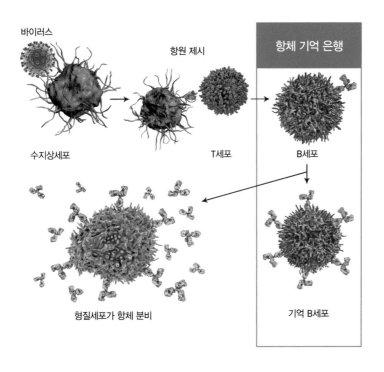

바이러스

항원 제시

항체 기억 은행

수지상세포

T세포

B세포

형질세포가 항체 분비

기억 B세포

후천 면역의 원리 (항체 생성 과정)
수지상세포가 바이러스와 같은 병원체를 인식하고 병원체 일부를 T세포에 전달한다. T세포는 B세포에 병원체의 정보를 전달한다. 병원체의 정보를 전달받은 B세포 중 일부는 형질세포로 분화해 항체를 분비하고, 다른 B세포는 기억 세포로 분화해 해당 병원체가 나중에 다시 침입했을 때를 대비해 정보를 보존한다.

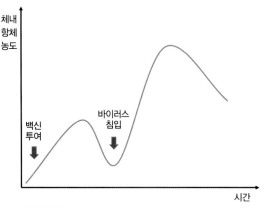

체내
항체
농도

백신
투여

바이러스
침입

시간

백신의 효과
백신을 접종하면 체내에서
미리 항체가 생기기 때문에
나중에 바이러스가 침입할
때를 대비할 수 있다. 체내에
저장된 정보를 통해 항체가
빠르게 생성되기 때문이다.

구조에 맞는 형태로 되어 있다. 예를 들어 인플루엔자에 대한 항체는 인플루엔자 바이러스에 잘 결합하는 형태이고, 홍역에 대한 항체는 홍역 바이러스에 잘 결합하는 형태이다. 병원체가 침입한 뒤 항체가 생기기까지 어느 정도 시간이 걸리지만, 항체가 일단 생성되면 그 정보는 기억세포에 저장된다. 따라서 다음에 그와 똑같은 병원체가 침입하면 항체가 즉각적으로 생성되어, 질병이 심해지기 전에 병원체를 격퇴할 수 있다.

백신은 병원체 일부나 약화시킨 병원체를 체내에 주입해 미리 후천 면역이 생기게 하는 의약품이다. 앞에서 언급했듯이 후천 면역은 느리게 발동하며, 병원체가 몸에 침입한 다음에야 생기게 된다. 그런데 만약 그 병원체에 대한 정보가 기억세포에 이미 저장되어 있다면, 나중에 실제로 그 병원체가 침입했을 때 후천 면역이 바로 발동되어 질병이 생기기 전에 병원체를 물리칠 수 있다. 그래서 질병에 걸리기 전 백신 접종을 통해 미리 항체를 생성시키면 해당 질병을 예방할 수 있다.

개발 중인 코로나19 백신

현재 세계 곳곳에서 100여 가지의 코로나19 바이러스 백신이 개발되고 있다. 백신은 제조 방법에 따라 크게 네 가지로 나뉜다. 첫째, '바이러스 백신'이 있다. 바이러스 백신은 말 그대로 바이러스 자체를 체내에 주입해 항체가 생성되게 하는 것이다. 물론 바이러스를 그대로 체내에 주입하면 병을 일으킬 위험이 있으니, 약화시키거나 불활성화시켜 사용한다. 현재 개발되고 있는 코로나19 백신의 약 10%가 이 방식을 채택하고 있다고 알려져 있다. 중국의 시노백 바이오텍(Sinovac Biotech), 미국의 코다제닉스(Codagenix) 등의 기업이 관련 연구를 선도

하고 있다.

둘째, '바이러스 벡터 백신'이 있다. '벡터'는 운반체를 의미하며, 이 유형의 백신은 다른 바이러스를 운반체로 이용해 코로나19 바이러스의 RNA를 우리 몸에 주입하는 것이다. 물론 이 경우에도 운반체로 이용하는 바이러스가 병을 일으키지 않도록 약화시키거나 불활성화시켜야 한다. 벡터를 통해 코로나19 바이러스의 RNA가 우리 몸에 들어가면 우리 몸의 세포가 그 RNA를 이용해 코로나19 바이러스의 단백질을 만든다. 그러면 우리 몸

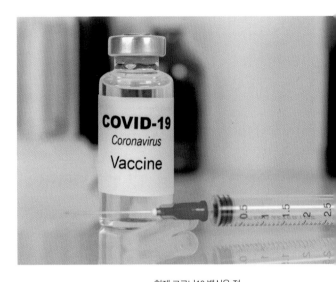

현재 코로나19 백신은 전 세계에서 100가지 이상이 개발되고 있다. 백신은 제조 방법에 따라 크게 바이러스 백신, 바이러스 벡터 백신, 핵산 백신, 단백질 기반 백신 등 네 가지로 나뉜다.

이 그 단백질에 대한 항체를 만들어내고, 그 항체는 나중에 코로나19 바이러스가 실제로 침입했을 때도 작동하게 된다. 현재 개발되고 있는 코로나19 백신의 약 20%가 이 방식으로 개발되고 있다. 중국의 백신 개발 기업인 캔시노 바이오로직스(CanSino Biologics)와 영국 옥스퍼드대 제너연구소가 관련 분야의 선두주자로 꼽힌다.

셋째, '핵산 백신'이 있다. 핵산 백신도 바이러스 벡터 백신과 마찬가지로 코로나19 바이러스의 유전 물질을 주입하는 방식인데, 운반체로 다른 바이러스를 이용하지 않는다는 차이점이 있다. 대신 세포막 혹은 바이러스의 외피를 이루는 성분인 인지질로 주머니를 만들고, 그 안에 코로나19 바이러스의 RNA를 넣어 우리 몸의 세포로 전달한다. 인지질이 세포막의 구성 성분이기 때문에 그 주머니는 우리 몸의 세포막과 합쳐지면서 주머니 안에 있는 RNA가 세포 안으로 방출된다. 혹은 코로나19 바이러스의 RNA와 같은 정보를 담고 있는 DNA 조각을 합성한 뒤, 세포에 전기 충격을 가해 구멍을 내고 주입하는 방식을 쓰기도 한다. 그 이후로는 바이러스 벡터 백신의 작용 원리와 같다. 세포 내에 주입된 RNA 또는 DNA를 통해 인체 세포 내에서 코로나19 바이러스의 단백질이 합성되고, 그 단백질에 대해 항체가 형성되는 것이다. 핵

산 백신은 바이러스를 운반체로 이용하지 않으므로 비교적 안전할 것으로 보인다. 하지만 지금까지 다른 질병 예방용으로 개발된 백신 중에서 이 방식을 사용한 것은 존재하지 않는다. 따라서 이 방식의 백신 개발이 성공할 수 있을지 아직 불분명하다. 현재 개발되고 있는 코로나19 백신 중 약 20%가 이 방식으로 개발되고 있으며, 독일 기업 바이오엔테크(BioNTech), 미국 기업 이노비오(Inovio), 미국 하버드대 연구팀 등이 대표 주자이다.

넷째, '단백질 기반 백신'이 있다. 이 방식은 코로나19 바이러스를 이루는 일부 단백질을 체내에 주입해 항체를 생성시키는 것이다. 특히 바이러스의 외피에 돋아 있는 스파이크를 주입하는 방식이 많이 연구되고 있다. 한편으로는 바이러스의 외피 전체를 주입하는 방식도 연구되고 있다. 바이러스의 외피 전체를 주입하는 것이므로 바이러스 자체를 넣는 것만큼이나 효과적으로 항체를 생성시킬 수 있다는 장점이 있다. 하지만 외피 전체를 만들어내야 하기 때문에 백신 생산이 힘들다는 단점이 있다. 현재 개발되고 있는 코로나19 백신 중 40% 이상이 단백질 기반 백신이다.

백신 출시는 언제쯤 가능할까

일반적으로 백신을 비롯한 의약품 개발에는 10년 이상 걸리는 경우가 많다. 해당 의약품이 정말로 효과가 있는지, 예상치 못한 부작용은 없는지 등을 꼼꼼하게 따져봐야 하기 때문이다. 의약품을 시험할 때는 먼저 세포 수준에서 확인하고 동물 실험을 거친 뒤, 사람에게 임상시험을 실시한다. 사람에게 시험할 때도 여러 단계를 거친다. 먼저 아주 적은 양을 투여해보고, 점점 용량을 늘려 본다. 그다음 사람 수를 늘려 시험을 해보고, 의약품이 예상한 대로 흡수되고 작용하는지 등을 확인한다. 이 모든 과정은 무척 조심스럽고 꼼꼼하게, 그리고 여러 차례에 걸쳐 진행된다. 게다가 대부분의 의약품은 이런 시험 과정에서 효과가 미

의약품 발견	의약품 개발					제조	판매
	기초 연구 (비임상실험 및 제제화 연구)	임상연구(임상시험)					
			1상	2상	3상		
후보물질		기간: 대상:	수개월~1년 20~80명	1~2년 100~300명	3~5년 1000~5000명	생산	판매
						허가	

위 구조에서 상단: 의약품 연구 개발 / 상업화, 허가

의약품 개발 단계
신약의 후보물질이 발견되면 동물 등을 이용한 다양한 실험실적 연구를 거쳐 안전성과 유효성을 확인하기 위해 사람 대상의 임상시험을 하게 된다. 모든 절차가 완료된 이후 허가와 상업화 과정에 들어간다. ⓒ 한국임상시험포털

미한 것으로 드러나거나 예상치 못한 부작용이 밝혀져 탈락하기 때문에 약효가 있을 것으로 기대되는 물질 중 극히 일부만이 실제 의약품으로 출시된다.

다행히도 코로나19 백신은 다른 의약품에 비해 훨씬 짧은 기간 내에 개발될 것으로 보인다. 코로나19는 전 세계에 걸쳐 크게 유행하고 있는 만큼 백신 출시가 절실한 상황이다. 따라서 코로나19 백신 개발의 임상시험은 단축되어 진행되고 있고, 각국 정부에서도 출시 승인에 비교적 관대한 기준을 적용할 가능성이 높다. 실제로 미국식품의약국(FDA)은 코로나19 관련 신규 의약품 시험과 관련된 규제를 완화해 출시 기간을 단축시키는 '백신 패스트트랙 프로그램'이라는 제도를 도입했다. 게다가 전 세계 100여 곳에서 개발이 이루어지는 만큼 몇 가지 개발 시도가 실패하더라도 다른 것이 성공할 수 있다.

몇몇 백신은 벌써 여러 단계의 임상시험을 통과한 상태이다. 영국 옥스퍼드대학과 공동으로 코로나19 백신을 개발하고 있는 영국의 제약사 아스트라제네카(AstraZeneca)는 2020년 내 개발을 목표로 임상시험을 진행하고 있다. 미국 FDA의 백신 패스트트랙 프로그램의 지원을 받고 있는 미국의 제약사 모더나(Moderna)는 2020년 7월 약 3만 명을 시험 대상자로 하는 임상 3상 시험에 착수했다. 임상시험이 계획대로 진행된다면 2021년에 백신 시판이 가능하다. 한국 정부도 내년 하반기 개발을 목표로 여러 기업을 지원하고 있다. 이처럼 개발이 순조롭게 이뤄진다면 몇몇 백신은 2020년~2021년에 시판이 가능할 것이다.

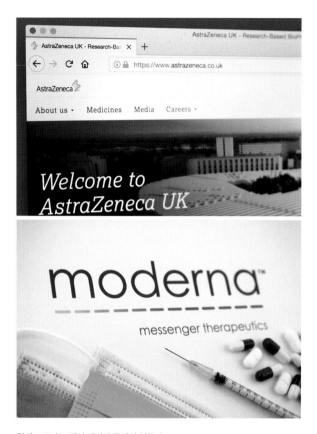

현재 코로나19 백신 개발사 중에서 영국의 아스트라제네카(AstraZeneca)와 미국의 모더나(Moderna)가 주목받고 있다. 이들의 백신은 개발이 순조롭게 이뤄진다면 1~2년 내에 시판이 가능할 것이다.

하지만 이보다 시간이 더 걸릴 것이라는 비관론도 만만치 않다. 코로나19 백신이 다른 의약품보다 훨씬 빨리 개발될 가능성이 높다는 것은 인정하지만, 1~2년 내에 개발되리라고 기대하기는 어렵다는 말이다. 예를 들어 모더나가 개발 중인 백신도 이전 단계의 임상실험에서 효과가 충분히 입증됐는지에 대해 논란이 있어 앞으로 시험이 예정대로 진행될지는 미지수이다. 그리고 새로운 백신이 임상시험을 모두 통과하더라도 시판까지는 다양한 절차가 남아 있다. 백신의 효과가 얼마나 지속되는지, 병을 얼마나 철저하게 예방할 수 있는지, 어떤 연령대에 효과가 있는지 등을 확인해봐야 한다. 일반적으로 임상시험을 통과한 백신 중에서도 일부만 최종적으로 시판이 승인될 정도로 백신 승인 기준은 엄격하다. 현재 아무리 백신 공급이 절실하다고 하더라도 승인 기준을 지나치게 완화할 수는 없다.

게다가 충분한 효과가 있는 백신을 개발한다고 하더라도 대량생산 기술을 갖추는 것은 별개의 문제이다. 백신을 개발해도 대량생산에 실패해 충분한 보급이 이뤄지지 못한다면 백신이 코로나19 종식에 별다른 기여를 하지 못할 것이다. 결론적으로 확실히 효과가 있고 충분한 양의 생산이 가능한 백신이 2년 내에 만들어지는 것은 어려울지도 모른다.

범용 백신의 가능성?

현재 개발되고 있는 코로나19 백신들은 코로나19 바이러스에만 특이적으로 작용한다. 하지만 이렇게 새로운 전염병이 유행할 때마다 뒤늦게 새로운 백신을 만드는 식의 대응은 한계가 있다는 지적도 나온다. 코로나19에 대한 백신을 만들어봤자 나중에 새로운 변종 코로나바이러스가 전염병을 일으킨다면 그 백신은 소용이 없기 때문이다. 과거에 사스와 메르스, 그리고 이번에는 코로나19가 출현했듯이 나중에 새로운 코로나바이러스 변종에 의해 또 다른 전염병이 유행할 가능성은 얼마든지 있다.

이런 상황에서 주목받고 있는 것이 다양한 바이러스에 공통적으로 작용하는 '범용 백신'이다. 바이러스가 변이를 일으킨다고 해도 바이러스의 모든 부분이 똑같은 변이율을 보이는 것은 아니다. 어떤 부분은 변이를 잘 일으키는 반면, 어떤 부분은 변이를 덜 일으킨다. 범용 백신은 변이를 덜 일으키는 부분에 작용하는 백신이다. 따라서 만약 범용 백신이 개발된다면, 변이 전의 바이러스와 변이 후의 바이러스에 모두 효과를 낼 수 있을 것이다.

과거 여러 차례 유행했던 인플루엔자의 경우 범용 백신이 활발하게 연구되고 있다. 인플루엔자의 다양한 변종들은 여러 차례 전염병의 세계적인 범유행을 일으킨 바 있다. 1918년 전 세계에서 수억 명을 감염시키고 최소한 2000만 명의 사망자를 낸 '스페인 독감'을 비롯해, 1957년 아시아 독감, 1968년 홍콩 독감, 비교적 최근인 2009년 신종플루 등이 모두 인플루엔자 바이러스 변종에 의해 범유행을 일으킨 것이다. 이 변종 바이러스들은 각자 구조가 조금씩 다르기 때문에 하나의 백신으로는 예방할 수 없다. 하지만 현재 대부분의 인플루엔자 바이러스에 공통적인 부분에 작용하여, 나중에 출현할 새로운 변종에도 잘 작용할 범용 백신이 개발되고 있다.

코로나바이러스의 경우도 마찬가지이다. 여러 코로나바이러스 변종들의 공통 부분에 작용하는 백신을 개발하면, 앞으로 생겨날 새로운 변종에 대해서도 효과가 있을 가능성이 높다. 실제로 중국의 선전제노면역의학연구소는 코로나 범용 백신 개발을 진행하고 있다. 범용 백신 개발이 성공할지는 아직 알 수 없지만, 만약 성공한다면 미래에 새로운 코로나바이러스 감염증이 창궐할 걱정을 조금이나마 덜 수 있을 것이다.

코로나19 치료제의 원리와 개발 상황

코로나19의 유행을 종식시키기 위해 백신뿐만 아니라 치료제도 활발하게 연구되고 있다. 백신이 코로나19 예방을 위한 것이라면, 치료제는 이미 코로나19에 감염된 환자를 치료하기 위한 것이다. 치료제 개발은 백신보다 빠르게 진행되고 있으며, 제한적으로나마 처방이 이뤄지고 있는 것도 있다. 그 이유는 다른 질병 치료를 목적으로 임상시험이 이뤄진 치료제가 코로나19에도 효과가 있는지 확인해보는 방식으로 연구가 진행되고 있기 때문이다. 이미 어느 정도 임상시험을 거친 것이기 때문에 개발 단계를 처음부터 밟을 필요가 없어 신규 의약품 개발 절차를 일부 생략할 수 있는 덕분이다.

코로나19를 비롯한 바이러스성 질병에 대한 치료제는 우리 몸에서 바이러스가 더 이상 증식을 하지 못하게 하는 작용을 한다. 바이러스는 우리 몸의 세포를 이용해 단백질과 유전 물질을 만들고, 그로부터 수많은 바이러스가 새로 만들어진다. 바이러스성 질병 치료제는 이런 과정을 방해해 바이러스가 더 이상 체내에서 증식하지 못하게 하는 것이다.

증식 과정에서 구체적으로 어떤 단계를 방해하는지는 치료제마다 다르다. 현재 연구되고 있는 코로나19 치료제 중 바이러스 증식 과정의 서로 다른 단계에 작용하는 렘데시비르(Remdesivir), 아비간(Avigan), 칼레트라(Kaletra), 클로로퀸(Chloroquine) 및 하이드록시클로로퀸(Hydroxychloroquine)을 중심으로 바이러스 치료제의 원리를 알아보자.

에볼라 치료제의 변신, 렘데시비르

렘데시비르는 미국의 제약회사인 길리어드 사이언스(Gilead

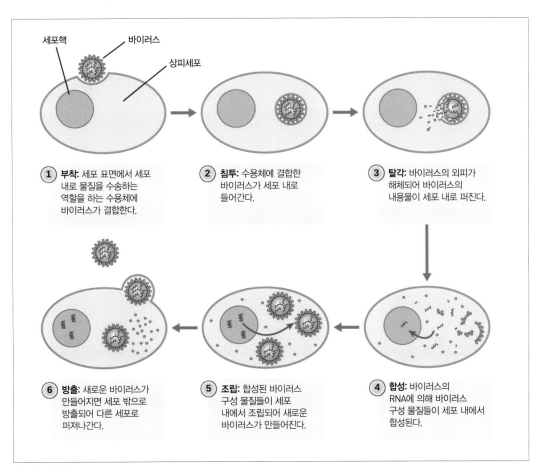

① 부착: 세포 표면에서 세포 내로 물질을 수송하는 역할을 하는 수용체에 바이러스가 결합한다.

② 침투: 수용체에 결합한 바이러스가 세포 내로 들어간다.

③ 탈각: 바이러스의 외피가 해체되어 바이러스의 내용물이 세포 내로 퍼진다.

⑥ 방출: 새로운 바이러스가 만들어지면 세포 밖으로 방출되어 다른 세포로 퍼져나간다.

⑤ 조립: 합성된 바이러스 구성 물질들이 세포 내에서 조립되어 새로운 바이러스가 만들어진다.

④ 합성: 바이러스의 RNA에 의해 바이러스 구성 물질들이 세포 내에서 합성된다.

바이러스 증식 과정
바이러스가 숙주 세포 내로 침투하면 숙주 세포는 바이러스의 RNA와 단백질을 다량으로 합성한다. 합성된 바이러스 RNA와 단백질은 세포 내에서 조립되어 새로운 바이러스가 된 뒤 세포 밖으로 방출된다. 방출된 바이러스는 다른 세포들에 침투하고 같은 과정을 반복한다.
ⓒ OpenStax Microbiology

Science)가 개발한 치료제로, 2020년 7월 현재 이미 코로나19 환자들에게 처방이 이뤄지고 있다. 렘데시비르는 원래 에볼라 출혈열(Ebola hemorrhagic fever) 치료제로 개발됐으나, 에볼라 치료 효과가 미미해 개발이 중단됐던 약품이다. 그런데 코로나19 감염증에 효과가 있다는 점이 새롭게 드러나면서 코로나19 치료제로 재개발됐다. 에볼라 치료제로 개발되던 당시 임상시험의 상당 부분을 통과해 놓았기 때문에 빠르게 개발이 재개될 수 있었다. 미국, 일본, 대만 등은 5월에 이미 코로나19 중증 환자에게 렘데시비르 투약을 허용했다. 한국에서도 7월부터 폐렴 증상을 보이고 산소포화도 94% 이하라서 산소 치료를 받으며 증상 발생 후 10일 미만인 중증 환자를 대상으로 투약을 실시했다.

렘데시비르는 바이러스가 우리 몸에서 RNA를 복제하는 것을 방해한다. 렘데시비르는 RNA의 구성 요소인 아데노신과 상당히 유사한 구조를 갖고 있어서, 바이러스가 우리 몸의 세포를 이용해 새로운 RNA를 합성할 때 RNA에 아데노신 대신 끼어 들어간다. 이렇게 렘데시비르가 끼어 들어간 '가짜' RNA는 더 이상 바이러스의 유전 물질로 기능하지 못하게 되므로, 바이러스가 더 이상 증식하지 못한다.

임상시험 결과에 따르면, 렘데시비르는 코로나19 초기 환자의 회복 기간을 30% 정도 줄여주었다. 아쉽게도 증상이 심하거나 고령인 환자에게는 그 효과가 현저히 줄어드는 것으로 나타났다. 특히 인공호흡기를 이용해야 할 정도로 심각한 환자에게는 렘데시비르를 투약하지 않은 대조 집단과도 차이가 없었다. 그럼에도 현재로서는 효과와 안전성이 입증된 거의 유일한 치료약이라, 더 강력한 치료제가 개발되기 전까지는 최선의 선택지인 것으로 보인다.

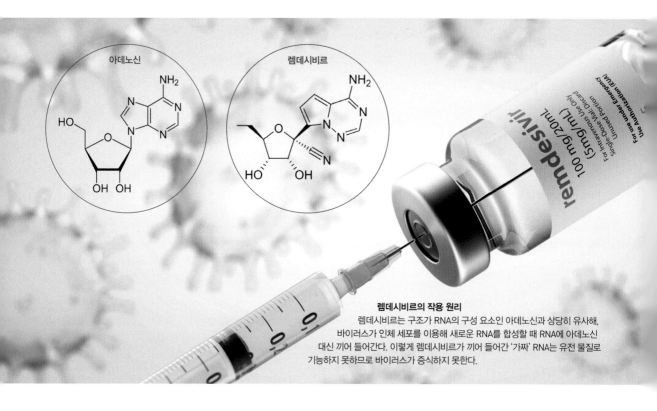

렘데시비르의 작용 원리
렘데시비르는 구조가 RNA의 구성 요소인 아데노신과 상당히 유사해, 바이러스가 인체 세포를 이용해 새로운 RNA를 합성할 때 RNA에 아데노신 대신 끼어 들어간다. 이렇게 렘데시비르가 끼어 들어간 '가짜' RNA는 유전 물질로 기능하지 못하므로 바이러스가 증식하지 못한다.

아비간 vs 칼레트라

아비간은 원래 인플루엔자 치료제로 만들어졌지만, 코로나19 초기 환자에게도 치료 효과를 보인 것으로 알려졌다. 특히 일본의 아베 신조 총리가 아비간을 코로나19 치료제로 적극 홍보하면서 널리 알려지게 됐다. 아비간은 바이러스 RNA 복제효소의 기능을 억제하는 역할을 한다. RNA 복제효소는 바이러스의 RNA와 똑같은 서열을 가진 RNA를 합성하는 역할을 하기 때문에 이 효소가 억제되면 우리 몸에 침투한 바이러스는 자손 바이러스를 만들어내지 못해 증식이 멈춘다.

하지만 아비간은 아직 효과와 안전성 모두 제대로 입증되지 않았다. 일부 환자에게 효과를 보였다고는 하지만, 아직 대규모 임상시험을 통해 효과가 입증된 것은 아니다. 게다가 임산부가 복용할 경우 부작용으로 팔다리 형성에 문제가 있는 기형아 출산을 야기할 가능성이 있다고 알려져 있다. 이런 부작용으로 인해 인플루엔자 환자에게도 다른 인플루엔자 치료제가 효과가 없을 경우에만 제한적으로 처방되기도 했다. 코로나19 치료제로 용도가 바뀐다고 하더라도 부작용 위험이 줄어드는 것은 아니므로 널리 사용되기는 어려워 보인다.

칼레트라는 원래 에이즈(AIDS) 치료제로 개발됐으며, 에이즈를 일으키는 바이러스인 인체면역결핍바이러스(HIV)의 단백질분해효소(protease)를 억제하는 기능을 한다. 단백질분해효소는 단백질을 그 구성요소인 펩타이드 혹은 아미노산으로 분해하는 효소이다. 단백질분해효소는 사람의 소화액에도 포함되어 있지만, 바이러스가 증식하는 데에도 중요한 역할을 한다. 바이러스의 유전 물질을 통해 우리 몸의 세포에서 커다란 단백질이 만들어지면, 이 효소가 그 단백질을 잘라서 바이러스를 이루는 단위 단백질로 만드는 것이다. 따라서 이 효소가 작동하지 않으면 바이러스의 단백질이 정상적으로 생성되지 않기 때문에 바이러스가 증식하지 못한다.

칼레트라는 사스, 메르스 유행 당시에도 치료제로 연구됐다. 동물

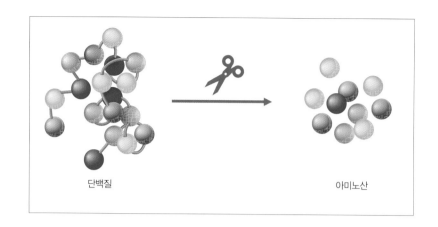

단백질   아미노산

실험에서 코로나바이러스의 증식을 억제하는 효과가 나타났지만, 임상 시험은 많이 진행되지 않았기 때문에 사람에게도 효과가 있는지는 아직 불분명하다. 칼레트라 사용을 지지하는 사람들은 에이즈 치료제로 사용되는 식으로 안전성을 인정받았고, 동물 실험에서 코로나바이러스 억제 효과도 나타난 만큼 코로나19 치료제로도 충분히 사용할 만하다고 주장한다. 하지만 에이즈 치료제로 사용할 때보다 60~120배나 높은 농도를 투여해야 코로나19 치료 효과가 나타나기 때문에 실질적으로 효과를 보기 어렵다는 연구 결과도 존재한다.

클로로퀸과 하이드록시클로로퀸, 그 뒤

클로로퀸과 하이드록시클로로퀸은 원래 말라리아 치료제로 개발됐는데, 코로나19 치료 효과를 두고 큰 논란을 일으키고 있다. 한편에서는 이 두 물질이 코로나19에 유의미한 치료 효과를 보인다는 연구 결과들이 나오고 있는 반면, 다른 한편에서는 전혀 효과가 없다는 연구 결과들이 나오고 있다. 세계보건기구(WHO)와 미국식품의약국(FDA)에서도 이 두 물질에 대한 실험을 진행하다 중단하기를 반복하는 식으로 갈피를 잡지 못하고 있다.

임상적인 효과뿐만 아니라 작용 메커니즘에 대해서도 논란이 있

COVID-19
CORONAVIRUS

?

HYDROXYCHLOROQUINE

다. 클로로퀸과 하이드록시클로로퀸은 체내에서 '오토파지(autophagy)' 가 잘 일어나지 않게 한다. 오토파지란 세포 내에서 불필요한 물질들을 분해하는 작용이다. 즉, 우리 몸속에서 필요가 없어지거나 고장 난 부분을 분해해 필요한 부분에 재활용하는 것이다. 이처럼 오토파지는 우리 몸의 기능 유지에 꼭 필요한 작용이지만, 몇몇 과학자들은 코로나바이러스가 체내에서 증식할 때 오토파지를 이용한다고 주장한다. 이들에 따르면 클로로퀸과 하이드록시클로로퀸은 오토파지를 억제하기 때문에 결과적으로 코로나바이러스의 증식도 막을 수 있다. 하지만 정말로 코로나바이러스가 증식에 오토파지를 이용하는지 아직 불분명하며, 오히려 오토파지를 활성화해야 코로나바이러스의 증식이 저해된다는 주장도 있어 논란이 분분하다.

여기에 더해 이 두 물질이 심각한 부작용을 야기할 수 있다는 보고도 더해져 논란을 심화시키고 있다. 지금까지 이 두 물질이 코로나19에 효과를 보인 사례는 대개 말라리아 치료용으로 쓰일 때보다 훨씬 많은 용량을 투여한 경우이다. 그런데 많은 용량을 투여할 경우 클로로퀸은 청각 손실, 하이드록시클로로퀸은 심장마비를 일으킬 가능성이 있다는 보고가 있다. 따라서 이 두 물질이 코로나19 치료제로 안전하게 사용될 수 있을지 밝히려면 더 많은 연구가 필요해 보인다.

하이드록시클로로퀸은 원래 말라리아 치료제로 개발됐는데, 코로나19 치료 효과를 두고 큰 논란을 일으키고 있다.

포스트 코로나

한세희

연세대 사학과와 연세대 국제학대학원을 졸업했다. 전자신문 기자를 거쳐
동아사이언스 데일리뉴스팀장을 지냈다. 기술과 사람이 서로 영향을 미치
며 변해 가는 모습을 항상 흥미진진하게 지켜보고 있다. 『어린이를 위한 디
지털과학 용어사전』, 『과학이슈11 시리즈(공저)』 등을 썼고, 『네트워크 전쟁』
등을 우리말로 옮겼다.

포스트 코로나 시대 과학기술 어떻게 바뀔까?

코로나19 팬데믹을 계기로 재택근무가 일상화됐는데, 여기에는 디지털 기술을 이용한 화상회의도 일조했다.

인류의 출현 이후 크고 작은 감염병이 끊임없이 우리를 괴롭혀 왔지만, 이번 코로나19처럼 전 세계를 마비시키고, 모든 인간의 이동과 행동을 제약한 바이러스는 없었다. 사회적 거리두기와 자가 격리처럼 생소한 일이 생활이 됐다. 정체를 알 수 없는 바이러스의 공격에 인류는 허둥지둥하고 있다. 식당에 모여 함께 밥을 먹고 시장에서 장을 보며, 극장에서 공연을 보고 대중교통을 타는 모든 일상이 흔들렸다. 직장에 출근하고 학교에 가는 것이 더 이상 당연하지 않다. 사람들이 만나지 않고 다닐 수 없으니 돈도 안 돌고 사업도 안 된다. 많은 사람의 생업이 무너졌고 생활이 타격을 입었다.

코로나19가 한창 번져가던 무렵, 세계 각국은 빠르고 정확한 진단 키트를 구하지 못해 발을 굴렀다. 제한된 정보로도 최적의 판단을 내려 질병을 진단하고 백신을 만들 수 있는 기술의 필요성을 절감했다. 불가 피하게 집에서 화상회의 시스템으로 업무와 교육을 해결해야 했던 사람 들은 인기 화상회의 앱 줌의 급작스러운 보안 논란에 혼란스러웠다.

이런 도전에 어떻게 대응해야 할까. 예상치 못하게 다가와 세계인 의 삶의 모습을 바꾸어 놓은 코로나19 팬데믹은 과학기술에 대해서도 새로운 과제를 제시했다. 과학은 과연 코로나19 이전의 세계로 우리를 되돌려 놓을 수 있을까. 혹은 미지의 감염병을 이길 방법을 제시할까.

과학기술로 살아남기

인류가 과학기술의 발전을 통해 이룩한 교통과 통신의 발달, 글로 벌 시장을 대상으로 하는 공급망과 무역, 일상화된 해외여행과 출장, 대 규모 도시의 밀집한 환경 등이 역설적으로 바이러스의 급속한 전파를 가 능하게 했다. 익숙한 삶의 방식이 갑자기 바뀌며 느끼는 충격은 더 컸다.

하지만 이러한 도전에 대한 응전도 과학기술을 빼놓고 생각할 수 는 없다. 사람들이 서로 떨어져 만날 수 없을 때에도 차질 없이 업무를 진행하고, 물자를 주고받으며 생활을 유지하는 데에도 기술은 큰 역할 을 했다. 이른바 비대면 기술이다.

회사 업무와 학교 교육처럼 당연히 만나서 해야 하는 일이라고 생 각했던 것들에 많은 제약이 생겼지만, 화상회의, 온라인 교실, 디지털 협업 도구 등에 기대어 어느 정도 극복할 수 있었다. 필요한 물건을 사 러 시장에 가기는 어려워졌으나 전국을 연결한 전자상거래 회사의 물류 망 덕분에 사재기 대란을 피할 수 있었다.

코로나19 팬데믹을 계기로 원격 근무와 온라인 교육의 경험이 사회 전체적으로 쌓였고, 이를 기반으로 앞으로도 더 많은 분야에서 비대면으로 좀 더 효율적으로 일하게 하는 기술들이 속속 나오리라 기대된다. 나아가 공연이나 스포츠 경기 등을 직접 가지 않아도 마치 현장에 있는 것처럼 생생하게 즐기는 실감 콘텐츠 기술 수요도 커질 전망이다.

팬데믹 상황에서도 위험을 무릅쓰고 일할 수밖에 없는 물류와 교통 분야의 문제점을 해결할 기술 개발도 과제다. 물론 백신과 치료제의 개발, 진단과 감염 확산 방지 등을 위한 의료 바이오 분야 기술 개발 역시 더 시급해지고 중요한 숙제가 됐다.

코로나19는 일상과 업무, 교육, 여가 등 삶의 모든 영역에 영향을 미쳤다. 국가 경제와 글로벌 경제 질서도 변화가 불가피하다. 이렇게 전례 없는 상황이 앞으로 어떤 변화를 가져올지, 이에 어떻게 대응할지 따져보는 것은 곧 우리 삶의 조건을 고민하는 일이기도 하다. 특히 과학기술이 무엇을 할 수 있을지, 혹은 할 수 없을지에 따라 사람들의 삶의 모습은 많이 달라질 것이다.

코로나19 이후 주요 환경 변화

코로나19로 당연하게 여겼던 삶의 방식, 오랜 질서를 다시 돌아보고 의문을 품게 됐다. 인공지능, 빅데이터, 5G 등 초연결·초지능 기술 기반의 4차산업혁명, 세계화의 흐름, 환경 리스크처럼 세계의 모습을 형성해 가던 메가트렌드도 예견치 못한 코로나19 사태를 만나며 새로운 방향으로 변화하고 있다.

한국과학기술기획평가원(KISTEP)은 '포스트 코로나 시대의 미래 전망 및 유망기술'이란 보고서에서 코로나19로 인한 글로벌 환경 변화와 이 변화에 가장 크게 영향을 받을 영역들을 분류하고, 이에 따라 등장할 미래 유망기술을 예측해 제시했다. 보고서에 따르면 코로나19 이후 세계의 모습은 비대면 사회로의 전환, 의료시스템의 변화, 위험 및 감시의 일상화, 세계화 후퇴 등과 같은 세계 경제질서 변화 등으로 예상할 수 있다.

코로나19로 인해 세계 경제도 타격을 받고 있다. 아울러 세계 경제 질서도 새롭게 재편될 가능성이 높다.

비대면화는 이미 우리가 체감하고 있는 변화다. 그간 논의가 무성했지만 실현 가능성에 의구심도 컸던 재택근무와 온라인 원격 교육이 활성화됐다. 업무의 상당 부분은 집에서 온라인으로 처리해도 큰 문제가 없다는 사실이 드러났다. 원격 근무, 원격 교육의 흐름은 팬데믹이 진정된 이후에도 지속되고, 그 효과를 높이기 위한 온라인 기술 발전이 속도를 낼 전망이다.

코로나19로 과학기술이 산업에 적용되는 속도가 빨라지고, 이는 다시 새로운 형태의 혁신을 촉발하리라 기대된다. 대면 접촉을 최소화하며 선거를 치르기 위해 블록체인 기술을 적용하거나, 격리 구역에는 자율주행 배송 차량을 보내 바이러스 전파 가능성을 줄이는 방안 등을 생각할 수 있다. 비대면 기술을 적극적으로 활용하기 위해 관련 규제를 완화해야 할 필요도 제기된다.

의료 시스템의 변화도 불가피하다. 환자 관리와 질병 치료를 넘어 사회 전체 수준에서의 건강 관리의 비중이 높아질 전망이다. 코로나19의 완전한 종식을 기대하기 어렵다면, 사회에서 통제 가능한 수준으로 관리하는 것이 중요해지기 때문이다. 실제로 코로나19 피해를 크게 입은 국가들은 의료 시스템이 감당할 수 없을 정도로 환자가 급증해 의료 체계가 붕괴된 곳들이었다. 더구나 사스, 메르스, 코로나19로 이어지는 흐름에서 보듯이 인수 공통 질병의 발생과 확산은 앞으로도 계속 일어날 수 있다. 이에 따라 공중 보건 수준을 향상하기 위해 평소 건강 데이터의 수집과 공유가 중요해질 전망이다.

이렇게 데이터 수집과 공유의 범위가 확대되면 개인에 대한 국가의 감시가 일상화되는 사회로 이어질 수 있다. 위험 및 감시가 일상화되는 '뉴노멀' 사회이다. 코로나19 팬데믹처럼 기존 경험과 지식을 깨는 '블랙 스완'과 같은 사건이 연이어 일어나고 위험이 일상화될 우려가 제기된다. 이에 대응하는 과정에서 시민에 대한 국가의 영향력이 커지고 정부의 권한은 확대된다.

이번 코로나19 사태에서도 정부는 전염병 예방을 명분으로 국민의 이동을 제한하고 활동에 제약을 가하며 프라이버시를 침해하는 모습을 보였다. 우리나라 정부도 확진자의 휴대전화 위치 정보와 신용카드 사용 기록, CCTV 영상을 대거 수집해 동선을 파악하고 이를 공개하는 강력한 감시 정책을 펼쳤다.

코로나19는 그간 세계화와 글로벌 분업을 근간으로 하던 세계 경제 질서의 변화도 촉발하고 있다. 감염 확산을 막기 위해 국가 간 교통과 여행이 제한되면서 경제는 수축됐다. JP 모건은 코로나19 영향으로 2020년 1분기 중국 국내총생산(GDP)이 40% 줄어들고 2분기 미국 경제는 14% 위축될 것으로 전망했다.

세계를 무대로 공급망과 판매망을 구축하고 제조를 중국 등의 국가에 맡겨 효율을 높이는 글로벌 분업 체계도 코로나19를 계기로 흔들리고 있다. 팬데믹이 벌어졌는데 북미와 유럽의 선진국들은 정작 마스크나 인공호흡기 같은 필수 제품들도 당장 국내에서 제대로 만들어낼 준비가 되어 있지 않다는 현실과 맞닥뜨렸다. 미국이 중국과 기술 패권 경쟁과 무역 분쟁을 벌이며 그간 세계 경제 질서를 주도하던 글로벌 시장 논리가 후퇴하기 시작한 가운데 코로나19까지 겹치면서 공급망의 지역화, 보호무역주의 확산 등의 추세는 이어질 전망이다.

포스트 코로나 시대 유망기술

국내에서도 비대면 사회로의 전환 등과 같은 라이프 스타일의 변화, 정부 역할 확대, 전염병을 관리하기 위한 국내 자원 및 경험 중요성 증가, 국내 산업 밸류 체인의 해외 의존 탈피 노력 등 코로나19 영향은 해외와 비슷하게 나타나고 있다.

이 같은 국내외 환경 변화를 고려해 KISTEP은 코로나19 이후 우리 사회에 큰 영향을 미칠 주요한 환경 변화를 꼽았다. 이 변화들은 크게 비대면 사회로의 전환, 바이오헬스 시장의 도전과 기회, 위험 대응 일상화, 자국중심주의 강화 등으로 정리할 수 있다.

코로나19로 인한 이렇게 큰 틀의 환경 변화에 특히 크게 영향을 받을 영역을 다시 생각해 볼 수 있다. 바로 헬스케어, 교육, 교통, 물류, 제조, 환경, 문화, 정보보안 등 8개 분야다. 헬스케어는 공중 보건과 의료 시스템의 재정립, 좀 더 빠르고 효과적인 진단 기술과 백신 개발 등의 과제를 안게 됐다. 교육과 문화 분야는 대면하지 않고도 대면한 것 같은 효과를 내는 방법을 찾아야 한다. 물리적 접촉이 필수인 교통, 물류, 제조 분야에서는 어떻게 피해를 최소화하고 미래를 개척할 것인가.

도전은 응전을, 필요는 발명을 낳는다. 거스르기 힘든 4대 변화의 흐름과 이들 변화에 가장 민감하게 노출되는 8대 영역을 조합해 보면 앞으로 수요가 늘어나고 개발 필요성이 커질 유망기술을 짐작할 수 있다. KISTEP이 미래 전망과 기술의 혁신성, 사회경제적 파급효과를 고려해 도출한 25개 유망기술을 기반으로 포스트 코로나 시대 기술 흐름을 따라가 보자.

바이러스 전쟁 최전선 헬스케어

개인과 공중 보건에 대한 데이터를 체계적으로 수집하고 이를 인공지능과 접목하는 기술이 진단, 예방, 치료제 개발 등 헬스케어의 여러 분야에 좀 더 활발히 쓰일 전망이다.

인공지능은 코로나19의 발생과 초기 확산을 이미 정확하게 감지하며 유용성을 입증했다. 캐나다의 인공지능 스타트업 블루닷은 각종

캐나다의 스타트업 블루닷은 인공지능 기술로 각종 정보를 분석해 코로나19 같은 감염병의 확산을 조기에 예측했다.
ⓒ 블루닷

데이터와 의료 정보 분석, 인공지능 기술로 세계보건기구(WHO)보다 먼저 코로나19의 확산 위험을 알렸다. 이미 2019년 12월 말 중국 우한에서 발발한 코로나19가 서울과 도쿄, 홍콩 등으로 퍼져 나갈 가능성도 정확하게 경고했다. 바이러스의 특징과 다른 감염병의 확산 양상 같은 바이오 정보와 인구, 지리적 위치 같은 행정 정보에 항공권 발권 정보, 뉴스와 SNS까지 분석한 결과다.

이 같은 AI 기반 감염병 확산 예측·조기경보 기술은 의료 역량이 부족한 국가나 지역이 미리 대비하도록 도울 수 있다. 프랑스 소르본대 연구팀은 2020년 2월 아프리카 국가들과 중국 사이 항공 운항 정보를 바탕으로 코로나19가 먼저 퍼질 것으로 예상되는 국가를 골라냈다. 여기에 국가의 보건 능력을 보여주는 SPAR(the State Party Self-Assessment Annual Reporting) 지표와 IDVI(the Infectious Disease Vulnerability Index) 지표를 활용해 WHO가 우선 지원해야 할 국가를 선별했다. 연구진은 이집트, 남아프리카공화국, 알제리가 아프리카에서 가장 먼저 감염자가 나올 가능성이 큰 국가라고 내다봤는데, 실제로 아프리카 첫 감염자는 이집트에서 나왔다.

미국 보스턴어린이병원이 운영하는 '헬스맵(Healthmap)'도 AI를 활용해 질병 패턴을

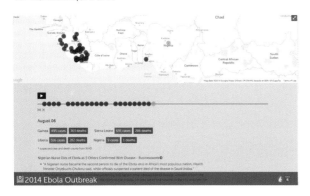

미국 보스턴어린이병원이 운영하는 '헬스맵(Healthmap)'. ⓒ 헬스맵

분석해 질병이 발생한 지역을 식별하고 글로벌 감염 현황 등을 제공한다. 이 과정에서 환자의 우편번호 같은 다른 정보도 활용한다. 이처럼 인공지능을 통해 질병 확산 경로와 속도를 예측할 수 있다면 한정된 인력과 자원을 효율적으로 배분할 수 있고, 피해를 최소화하며 적절한 정책을 선택할 수 있다.

코로나19 확산 초기에 진단 키트가 모자라 세계가 큰 곤란을 겪은 현실을 반영해 AI 기반 실시간 질병 진단 기술 개발도 활발하다. 의료 빅데이터를 분석해 질병 여부를 판단하고 적합한 치료법을 제시하는 기술이다.

중국 톈진의과대학병원 연구진은 폐의 컴퓨터단층촬영(CT) 영상을 보고 코로나19 감염 여부를 82.9%의 정확도로 판단하는 AI를 개발했다. 453명의 코로나19 확진자의 CT 이미지를 인공지능에 학습시켜 코로나19에 걸린 사람의 폐의 특징을 골라내게 했다. 중국 원저우의과 대학병원 연구진은 확진자와 비확진자의 임상 증상을 학습해 코로나19 확진자에게만 발견되는 증상을 찾아내는 인공지능을 만들었다. 확진자의 폐 CT 영상과 특이 증상을 종합해 코로나19 진단 속도를 높일 수 있다. 중국 전자상거래 기업 알리바바도 폐 CT 사진을 분석해 20초 만에

국내 의료 인공지능 스타트업 루닛은 AI로 흉부영상을 진단하는 '루닛 인사이트'를 개발해 선보였다. ©루닛

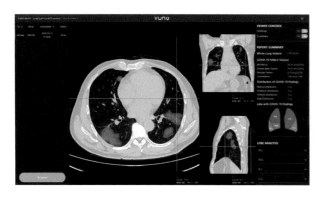

국내 의료 인공지능 기업 뷰노가 개발한 '뷰노메드'. X선과 CT 영상 등을 분석해 질병을 진단하는 데 쓰인다. ⓒ 뷰노

96%의 정확도로 환자를 찾아내는 인공지능을 선보였다.

우리나라에서는 의료 인공지능 기업 뷰노와 루닛이 앞장서고 있다. 뷰노가 X선과 CT 영상, 생리학 데이터, 전자의무기록 등을 분석해 질병을 진단하는 '뷰노메드'를 개발했고, 루닛은 AI로 흉부영상을 진단하는 '루닛 인사이트'를 선보였다. AI 기술은 코로나19뿐 아니라 앞으로 등장할 수 있는 다른 감염병의 확산 징조를 미리 파악하고 예방하는 데 기여할 수 있어 지속적으로 관심이 커지고 있다.

RNA 바이러스 대항 백신 기술

많은 인구가 밀집하는 도시화 효과로 새로 나타나는 인수 공통 질병이 늘어나고 세계화와 교통 발달로 감염병의 확산이 빨라지면서 백신 개발의 속도와 효율성을 높이는 작업도 중요해졌다. 천문학적 투자와 오랜 시간이 소요되는 현행 백신 개발 방식으로는 감염병에 제대로 대응할 수 없고, 이는 장기간의 사회 봉쇄와 고통스러운 경제 수축으로 이어지기 때문이다.

RNA 바이러스 대항 백신 기술은 빠르게 백신을 개발할 수 있는 기술로 주목받는다. 코로나19와 사스, 메르스 등을 일으킨 코로나 계열 바이러스는 변이가 심해 치료제에 내성이 잘 생기고 종종 백신을 무력화시킨다. 이는 코로나바이러스와 같이 단백질이 RNA 핵산을 감싼 'RNA 바이러스'의 공통적 특징이다. 코로나 계열 외에 인플루엔자, AIDS를 일으키는 HIV, 에볼라, 지카 바이러스 등도 RNA 바이러스다.

RNA 백신은 몸 안에 바이러스의 유전 정보를 담은 RNA를 주입하는 방식이다. 몸속에 들어간 이 RNA는 코로나바이러스 표면에 있어 인체에 침입하는 역할을 하는 뾰족한 스파이크 단백질을 발현시킨다.

우리 몸은 이를 항원, 즉 병원균으로 인식해 면역 반응을 일으키는 원리다. 일반 백신은 바이러스의 활성을 제거하거나 독성을 약화시킨 후 인체에 주입하면 인체가 이에 대한 항체를 형성하고 면역을 얻는 방식이다. 반면 RNA 백신은 우리 몸이 항원으로 인식할 단백질을 만들어내는 RNA를 주입한다는 점에서 차이가 있다.

기존 백신은 항원 바이러스를 배양하기 위한 대규모 생산 및 정제 시설, 바이러스 유출을 막을 안전장치, 부작용을 막기 위한 검증 등에 막대한 투자와 시간이 걸린다. 백신 완성에 15~20년 걸리는 일이 드물지 않다. 반면 RNA 백신은 개발 기간을 1~2년으로 줄일 수 있고, 변이가 일어나더라도 변이된 RNA로 다시 백신을 만들어 빠른 대응이 가능하다.

미국 하버드대와 MIT 교수 등이 설립한 모더나가 최근 코로나19 백신 후보 물질 'mRNA-1237'의 임상 1상에서 긍정적 결과를 냈다. 2020년 7월에는 미국 정부의 지원을 받아 임상 3상을 시작했다. 독일의 바이온텍과 큐어백도 관련 연구개발을 진행하고 있다. 이처럼 민간 영역에서 백신 개발 노력이 활발하다.

현실보다 더 현실 같은 실감 콘텐츠, 생활을 바꾼다

온라인 개학과 징검다리 등교라는 초유의 사태를 맞은 교육 현장도 포스트 코로나 시대를 겨냥한 기술 개발이 활발히 벌어질 영역으로 꼽힌다. 코로나19로 학생과 교사가 전체적으로 온라인 강의와 과제 참여 경험을 얻은 것은 교육의 디지털화를 촉진할 자산이 될 것이다. 하지만 온라인 교육의 문제와 비효율적 측면도 드러난 만큼, 좀 더 향상된 온라인 교육에 대한 수요도 커질 전망이다.

자칫 집중력이 떨어지기 쉬운 대규모 온라인 강의의 약점을 극복하고, 학생 개개인에 맞는 맞춤형 교육을 제공하기 위한 방법으로 인공지능과 빅데이터 분석에 대한 기대가 크다. AI 엔진과 빅데이터를 활용하여 AI가 학습자의 빅데이터를 실시간 분석해 난이도를 조절하며 개인 맞춤형 교육을 제공하는 AI · 빅데이터 기반 맞춤형 학습 기술이다.

학생의 수준과 진로, 관심사 등에 따라 인공지능이 제공하는 다양한 맞춤형 콘텐츠와 영상 등을 활용한 맞춤형 교육이 이뤄진다. 과제를 잘 해결하면 좀 더 어려운 심화 문제를 제시하거나 다음 단원으로 넘어가고, 어려워하면 기본 원리를 다시 학습하거나 비슷한 유형의 문제를 반복 제시하는 등으로 교육이 진행된다. 학습자 개인의 성취와 진도를 관리하는 학습관리시스템(LMS)과 맞춤학습 소프트웨어 기술 개발이 핵심이다.

중국에서는 AI가 학생의 표정과 말투, 서 있거나 필기하는 모습 등을 인식해 맞춤 학습에 참고하는 교육 실험까지 하고 있다. 프라이버시를 심각하게 침해할 소지가 커 다른 나라에서 적용하기는 어렵겠지만, 인공지능을 어디까지 활용할 수 있는지 보여주는 사례라 할 수 있다.

인공지능 기반 교육은 교사가 좀 더 창

앞으로는 온라인 교육이 대세로 자리를 잡을 것으로 예상되므로 가상현실(VR)과 혼합현실(MR) 기술을 이용한 실감형 교육이 중요해졌다. 사진은 실감형 교육 콘텐츠 플랫폼을 시연하는 모습.
© 천재교육

의적이고 학생 진로에 도움을 주는 교육을 준비할 여건도 마련해 준다. 교사는 교과목 수업 부담이 줄어들어 남은 시간을 전인 교육이나 프로젝트 교육에 쓸 수 있기 때문이다. 현재 일부 대학과 사교육 기업에서 이뤄지는 AI 기반 맞춤형 서비스를 공교육에도 적용해 교육 격차를 줄이는 것도 과제로 꼽힌다.

몰입형 원격 교육은 영어 회화 연습에도 도입될 수 있다. 사진은 몰입형 영어 교육 콘텐츠를 통해 AI 강사와 영어 회화를 연습하는 모습. ⓒKT

실감형 교육을 위한 가상현실(VR) 및 혼합현실(MR) 기술, 온라인 수업을 위한 대용량 통신 기술도 코로나19 사태 이후 교육 분야에서 주목받을 기술이다. 디지털 방식으로 구축한 세계에 몰입하는 가상현실(VR)과 실제 세계에 디지털 정보를 덧입혀 다양한 콘텐츠를 제공하는 혼합현실(MR)은 이미 교육과 업무, 관광 등의 분야에서 많은 관심을 모으고 있다. 대면 접촉과 실습이 어려운 온라인 교육의 한계를 극복할 수 있을 뿐 아니라 재택근무에서도 유용하게 쓰일 수 있다.

트래픽을 적절히 분산하는 네트워크 기술은 온라인 강의 같은 대용량 콘텐츠를 빠르고 안정적으로 전달하기 위해 필요하다. 온라인 개학 초기에 강의 사이트 접속이 제대로 안 돼 학생들이 수업에 차질을 빚는 일이 곳곳에서 일어나면서 원격수업 인프라의 중요성을 절감했다.

교육뿐 아니라 문화와 콘텐츠 소비 분야에도 비슷한 기술 개발 수요가 늘어날 전망이다. 넷플릭스 같은 동영상 스트리밍 서비스와 온라인 게임 등은 코로나19 시기에 모두 사용량이 폭증했다. 업무와 교육, 콘텐츠 소비 등의 분야에서 온라인 경험치가 쌓이면서 스포츠와 공연, 콘퍼런스와 행사처럼 팬데믹으로 큰 타격을 입은 분야에서도 디지털 기술로 콘텐츠를 제공하고 시장을 재편하려는 시도가 이어질 것으로 예측된다.

VR 방송이나 3D TV처럼 시청자의 현실감과 몰입감을 높여 새로운 시청 경험을 제시하는 실감 중계 서비스, 드론이 찍은 영상 데이터를 기반으로 지리정보를 구축하고 3D 영상을 제작해 관광지에 대한 VR 콘텐츠를 제공하는 드론 기반 GIS 구축 및 3D 영상화 기술 등에 대한 관심이 높다.

더 안전한 이동을 위하여

코로나19는 교통과 물류에도 영향을 미쳤다. 사회적 거리두기와 자가격리로 이동 자체가 줄어들면서 교통 분야는 큰 타격을 입었다. 감염 확산에 대한 우려로 많은 사람들이 밀집해 이용하는 지하철, 버스 등 대중교통의 이용이 크게 줄어들었다. 2020년 2월 서울 지하철 승객은 3억 3295만 명으로 2019년 2월보다 4688만 명 줄었다.

우버와 리프트 같은 차량공유 서비스도 사용자가 급감했다. 차량공유 기업들 역시 코로나19 확산을 막기 위해 여러 지역에서 서비스를 중단하기도 했다. 우버는 코로나19 팬데믹이 한창인 2020년 4월 수요가 80%나 줄었고, 이는 3700명의 정리해고로 이어졌다. 차량공유 기업이 대부분 비슷한 처지였다.

하지만 이런 가운데도 스쿠터(킥보드) 공유처럼 집이나 직장 등 목적지까지의 라스트 마일을 책임지는 퍼스널 모빌리티 시장은 상대적으로 선방했다. 국내 전동 킥보드 공유 서비스 '킥고잉'을 운영하는 올룰로는 3월 첫 주 이용 건수가 전달 17일부터 1주일간보다 22.6% 늘었다고 밝혔다. 대중교통 이용을 피하고 싶지만 자가용을 갖고 나오기는 부담스러운 사람들이 몰렸기 때문으로 풀이된다. 공유 스쿠터는 혼자 이용하기 때문에 상대적으로 영향을 덜 받은 것이다.

퍼스널 모빌리티는 택시 플랫폼, 차량 공유, 자율주행 기술 개발 등으로 촉발된 모빌리티 혁명의 퍼즐을 맞출 중요한 한 조각으로 평가된다. 알고리듬과 사용자 요구에 따라 승용차나 셔틀버스가 큰 도로를 따라 주요 지점을 다니고, 이후 여기서 차량으로 다니긴 짧고 걷기에는 먼 최종 목적지까지 스쿠터나 자전거 등 퍼스널 모빌리티를 이용하면 이동 효율을 높이고 에너지를 절감할 수 있다. 교통 체증도 줄일 수 있다.

퍼스널 모빌리티를 활성화하기 위해서는 안전하고 에너지 효율이 높은 소형 탈 것을 디자인해야 한다. 현재 공유 스쿠터나 자전거는 더위나 추위 등 기후 변화에 그대로 노출되고 사용자들이 험하게 쓰는 경향도 있어 유지 관리가 어렵다. 이런 문제를 운영이나 비즈니스모델은 물론 기술 개발과 디자인으로 해결해 1대당 수익성을 맞추는 것이 숙제이다. 사용자 식별을 위한 인증 기술도 필요하다. 이런 요소들이 결합되어 개인 맞춤형 라스트 마일 모빌리티 기술의 상용화를 이끌 전망이다.

코로나19 시대에는 전동킥보드 같은 퍼스널 모빌리티가 주목받고 있다. 사진은 편의점 앞에서 전동킥보드를 타고 포즈를 취하고 있는 모습.
© GS리테일

또 퍼스널 모빌리티의 주요 요소로 일반 승차공유 모빌리티 서비스와의 연계를 들 수 있다. 버스나 전철 등 대중교통에서 내린 후 마지막 목적지까지 편리하게 이동하는 것이 퍼스널 모빌리티의 주요 기능 중 하나다. 이 같은 연동은 퍼스널 모빌리티의 라스트 마일에만 적용되는 것이 아니다. 자동차, 지하철, 버스, 택시처럼 도시에서 이용 가능한 여러 교통수단을 통합하면 이동 효율은 더욱 높이고 탄소 배출은 줄일 수 있다. 다양한 교통수단을 통합해 최적화된 맞춤형 솔루션을 제공하는 서비스가 바로 최근 주목받는 통합교통 서비스(MaaS)이다.

'서비스로서의 모빌리티(Mobility as a Service)'라는 말 그대로 이동할 때 여정과 요금, 거리, 교통 상황, 환승 경로 등을 감안해 최적의 경로를 제시한다. 승용차를 소유할 필요 없이 차량 공유, 택시 호출, 자전거나 스쿠터 공유, 대중교통 도착 시간 및 환승 정보 등을 결합해 출발에서 도착까지 일련의 과정을 승객에게 서비스로 제공한다는 개념이다. 승객은 여행 경로에 따라 요금을 지불하거나 일정 기간 정액제로 교통 서비스를 이용할 수 있는데, 모바일 간편결제로도 손쉽게 비용을 지불

할 수 있다. 이 과정에서 얻는 이동 수단과 경로 데이터를 분석해 도시의 교통 시스템을 개선하고 맞춤 서비스를 설계할 수도 있다.

승객과 교통수단 제공 기업, 도시 지방자치단체 등이 활동하는 플랫폼 구축 및 운영, 사용자 인증을 위한 블록체인, 사용자를 분석해 적절한 경로를 제시하는 교통 정보 서비스 등의 기술 개발이 과제다. 현재 활발히 개발이 진행 중인 자율주행 기술도 MaaS와 결합해 교통 시스템을 혁신할 폭발력을 가진 기술로 꼽힌다.

핀란드 헬싱키를 거점으로 유럽으로 확장하고 있는 윔(Whim)이 MaaS 서비스의 모범 사례로 꼽힌다. 모빌리티 스타트업 마스글로벌이 핀란드 정부, 헬싱키 교통정보국과 손잡고 만든 서비스다. 전철, 트램, 페리, 렌터카 등 헬싱키 시내 주요 교통수단을 활용한 최적 경로를 확인할 수 있다. 인텔은 최근 이스라엘의 MaaS 기업 무빗을 9억 달러(한화약 1조 1,000억 원)에 인수했다. 인텔은 자율주행 차량에 쓰이는 레이더와 라이다 등 컴퓨터 비전 기술을 보유한 모빌아이에 이어 무빗까지 인수함으로써 자율주행 택시를 포함한 모빌리티 기업으로 확장한다는 목표다.

물류의 스마트화

물류는 코로나19 팬데믹 때 의료계와 함께 사회에 가장 큰 기여를 했으면서 동시에 가장 큰 위험에 노출된 분야이기도 하다. 자가 격리와 재택 근무 등으로 이동이 제한되고 시장이나 마트처럼 많은 사람이 모이는 곳에 다니기 어려워짐에 따라 온라인 쇼핑과 음식 배달 등 물류 서비스 수요가 폭발했다. 아마존은 넘치는 주문을 감당하지 못해 생활필수품이 아닌 제품의 주문을 일시 중단하고 직원 10만 명 추가 고용 계획을 밝혔다. 우리나라도 쿠팡 덕분에 사재기가 일어나지 않았다는 말이 나올 정도로 온라인 쇼핑 의존도가 커졌다. 하지만 정작 물류가 이뤄지도록 실제 일하는 사람들은 코로나19 감염 위험에 그대로 노출됐다. 많

아마존의 물류 작업용 로봇
키보. 물류센터 안에서 크고
무거운 상품을 안전하고
효율적으로 옮길 수 있다.
ⓒ 아마존

은 직원이 다닥다닥 붙어 쉴 새 없이 상품을 처리하는 대형 물류센터는 감염병 확산의 최적 조건이다. 아마존 물류센터에서도, 쿠팡 물류센터에서도 코로나19 확진자가 여럿 나왔고, 많은 직원이 근무하는 만큼 여러 지역으로 확산 위험도 컸다. 하지만 정신없이 돌아가는 물류 업무에서 소독이나 손 세정 등 기본적 위생 수칙마저 제대로 지켜지지 않는 경우가 많다. '물건의 이동'이라는 물류의 정의상 집하, 분류, 배송 전 과정에 걸쳐 감염이 확산될 위험을 배제할 수 없다.

팬데믹과 같은 위기 상황에서 더 큰 역할을 하는 물류를 효율화하는 방안으로 유통물류센터의 스마트화가 꼽힌다. 물류센터에서 제품의 입고에서 출고까지 소량 다품종 화물의 처리 과정을 지능화하고 자동화하는 기술이다. 고객 요구에 맞춰 상품 입고에서 분류, 출고, 배송까지 전체 과정의 관리를 효율화하는 것이 목표다. 물류 업계에서 흔히 '풀필먼트(fulfillment)'라 부르는 일이다. 상품 집하와 분류, 이동 등을 위한 자동화 로봇과 자율주행 기술 등이 핵심으로 꼽힌다. 아마존이 물류 작업용 로봇을 만드는 업체 키바 시스템즈를 인수해 물류센터에 적용한데 이어, 최근 자율주행 차량 기술을 가진 스타트업 죽스(Zoox)를 인수

미국의 자율주행 스타트업
뉴로(Nuro)가 선보인 자율주행
배송 차량. 의료용품이나
생활필수품을 배송할 수 있다.
ⓒ 뉴로

음식을 배달하는 '배달의민족'
자율주행 로봇 딜리.
ⓒ 배달의민족

한 것은 이런 흐름을 잘 보여준다. 물류센터 안에서 크고 무거운 상품들도 안전하고 효율적으로 처리할 수 있다.

고객과 만나는 접점에서 배송기사와 협업 가능한 배송용 자율주행 로봇도 물류의 미래 기술로 주목받는다. 집이나 직장으로 이어지는 배송의 마지막 단계에서 배송기사와 협력하는 자율주행 배송 로봇 기술이다. 이들과 연계된 스마트 보관함에 대한 관심도 높다. 배송 로봇은 물류 과정에서 사람 간 접촉을 최소화할 수 있어 감염병이 번지는 상황에 적절하다. 미국의 자율주행 스타트업 뉴로(Nuro)는 미국 캘리포니아 새크라멘토와 샌머테이오에 설치된 코로나19 임시 진료 시설에 자사 자율주행 배송 차량을 이용해 의료용품과 생활필수품을 배송했다. 우리나라에서도 배달의민족 운영사 우아한형제들이 자율주행 음식 배달 로봇을 테스트하고 있다. 배달 기사가 건물 1층 문 앞까지 가져온 음식을 받아 고객이 있는 층으로 이동하는 실내 배달 로봇과 실외를 이동하는 배송 로봇을 개발하는 중이다. 결국 인공지능 알고리즘과 데이터 분석을 통한 자율주행 기술과 경로 최적화 기술을 기반으로 온디맨드 택배 및 배달 서비스, 자율주행 배송 차량과 연계된 무인 배달 서비스 등이 가능해질 전망이다.

로봇과 디지털 트윈, 그리고 차세대 암호화 기술

의료 환경에서 쓰인 자율주행 배송 로봇은 사용처가 확대되어, 의료진이나 확진자가 사용한 의복 장갑 등 의료 폐기물을 수집해 폐기 장소로 운반하는 의료폐기물 수집·운반 로봇 역할을 할 수도 있다. 감염병 확산을 막는 환경친화적 기술이다.

제조 현장에도 코로나19로 인한 비대면 기술의 영향은 다가오고 있다. 생산 현장에서 인간과 상호작용하도록 만든 협동 로봇도 그중 하나다. 현재 산업용 로봇은 보통 로봇 투입만을 전제로 설계된 제조 라인에만 쓰이며, 따라서 이런 현장은 사람 작업자가 들어가기에는 위험하다. 협동 로봇은 생산 현장에서 인간과 함께 일하며 단순 반복 작업이나 위험한 업무, 정밀 작업 등을 인간 대신 수행한다. 작업자는 좀 더 안전한 환경에서 일할 수 있게 된다. 이동이나 움직임의 자유도가 높은 로봇 개발이 관건이다. 작업 공간의 특성을 감지하고 사람 작업자 및 주변 환경과 자연스럽게 어우러질 수 있는 로봇 인터페이스 개발도 필요하다.

또 하나 제조 분야에서 주목받는 비대면 기술이 '디지털 트윈'이다. 현실 속 사물을 그대로 재현한 디지털 '쌍둥이'를 만들고, 현실에서 생길 수 있는 상황을 컴퓨터로 시뮬레이션해 결과를 예측하는 기술이다. 센서 등으로 수집한 물리적 대상의 상태 정보를 디지털 트윈에 적용해 상황을 예측하고 개선점을 찾거나 문제에 대응한다. 반도체 생산 라인과 같이 거대하고 정교한 시설에 디지털 트윈을 구축해 공정 변화나 투입 재료 수정 등의 작업 결과를 미리 시뮬레이션하고 최적의 방안을 선택할 수 있다. 제품 설계, 플랜트 운영, 생산 손실 예측, 고장 진단 및 예측, 성능 분석 등 다양한 분야에 적용 가능하다. 센서 기술과 디지털

제조 분야에서 주목받는
비대면 기술 '디지털 트윈'.
반도체 생산 라인 같은
현실 속 사물을 재현한
디지털 쌍둥이로 컴퓨터
시뮬레이션해 최적의 방안을
찾을 수 있다. ©지멘스

사물 설계, 가상세계 시뮬레이션 기술 개발이 과제이다.

업무와 교육, 거래 등을 디지털 기술 기반으로 수행하며 실제 행동을 대거 대체하는 비대면 사회에서는 정보보안의 중요성도 더욱 커지게 된다. 국가 권력에 의한 민감한 의료 정보의 수집 활용 요구가 커지면서 프라이버시에 대한 우려도 더 커진다. 비대면 사회에서 일어나는 거의 모든 행위는 정보보호와 프라이버시를 보장한 기술이 없으면 성립할 수 없다. 화상회의 시스템의 보안성을 확보하기 위해 좀 더 정교한 인증과 접속 기술, 위조 판별, 화상 암호화 기술이 필요하다.

양자암호와 동형암호 등 차세대 암호화 기술에 대한 연구도 속도가 붙을 전망이다. 양자얽힘 기반 화상보안 통신 기술은 양자역학의 양자얽힘 원리를 이용해 해킹 위험 없이 안전하게 화상을 전송하는 기술이다. 정보를 암호화한 상태에서 수행한 연산 결과가 암호화하지 않은 상태의 연산 결과와 동일하기 때문에 암호를 풀기 위해 본래 정보를 노출할 필요가 없는 동형암호를 이용한 동선 추적 시스템은 감염자 접촉 경로 추적에 도움을 줄 전망이다.

이런 기술들은 코로나19 때문에 변해 버린 세계에 우선 필요하리라 여겨지는 것들이다. 여기서 다시 처음의 질문으로 돌아가 보자. 우리는 코로나19 이전의 세계로 돌아갈 수 있을까. 잡힐 듯하면서 끊임없이 다시 퍼져 나가는 신종 코로나바이러스를 보며 여전히 사람들은 걱정하고, 사회는 불안해하고, 경제는 위축되어 있다. 하루속히 백신을 개발하고 최대한 빨리 대량생산해 값싸게 모두에게 보급하면 예전으로 다시 돌아갈 수 있을까. 그것은 아마 매우 희망적인 시나리오 중 하나일 것이다. 그러나 코로나19와 같은 미지의 도전에 대응하여 과학기술이 할 수 있는 더 큰 역할은 아마 인류가 코로나19에도 불구하고 계속 살아나가고, 더 나은 삶을 살 수 있게 해 주는 것일 터다. 과학기술은 코로나19와 앞으로 다가올 또 다른 알 수 없는 도전들에 맞설 무기가 되는 것이다.

자기치유 소재

전승민

한국과학기술원(KAIST)에서 공학 석사학위를 받았다. 2008년부터 2018년까지 동아사이언스에서 일하며 《과학동아》 기자, 대전 대덕연구단지 전담기자, 〈동아일보〉 과학팀장, 동아사이언스 온라인뉴스 편집장 및 수석기자를 지냈다. 이후 프리랜서 과학저술가로 지내고 있다. 지은 책으로 『휴보이즘(2014)』, 『한국미래(2015)』, 『휴보, 세계최고의 재난구조로봇(2017)』, 『인공지능과 4차산업혁명의 미래(2018)』 등이 있다. 이 밖에 『만화로 배우는 인공지능(2019)』을 비롯한 여러 과학전문 도서의 감수자로 참여한 바 있다.

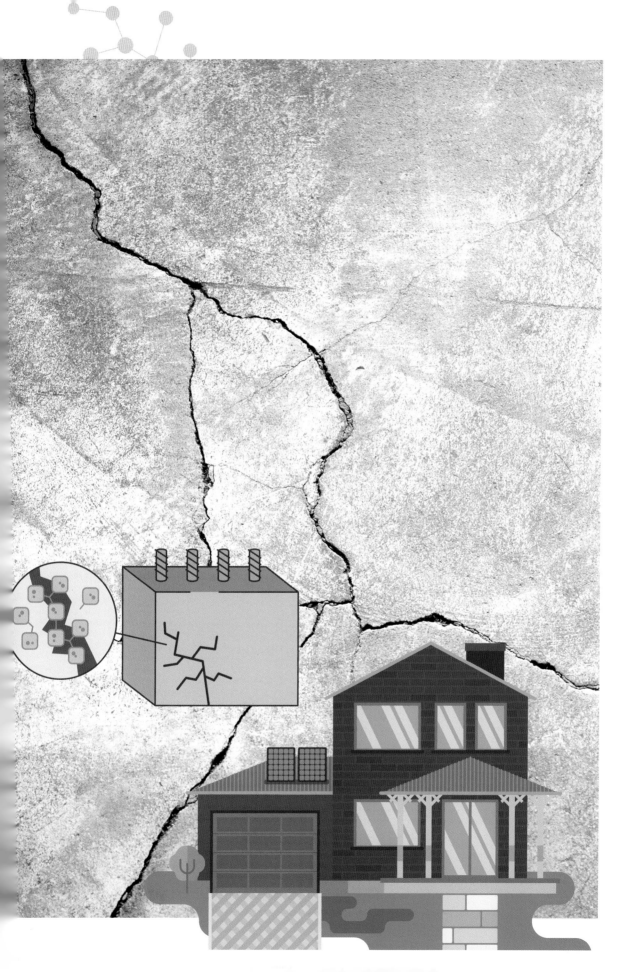

자기치유 소재,
어디까지 가능할까?

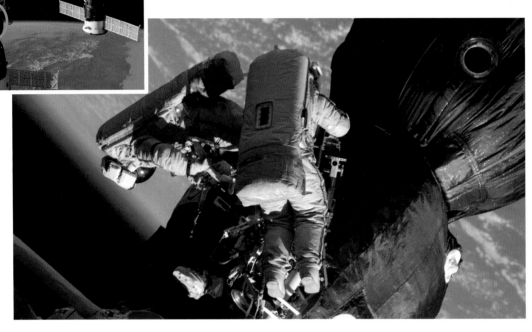

2018년 8월
국제우주정거장(ISS)에 도킹해
있던 러시아의 '소유즈
MS-09' 우주선에 작은
구멍이 뚫렸는데, 이 때문에
내부기압이 조금씩 낮아지기
시작했다. 이 구멍을 막기 위해
2명의 우주인이 우주선 밖에서
수리 작업을 해야 했다.

지구 주위를 돌고 있는 국제우주정거장(ISS). 지표면에서 400km 나 떨어진 우주 공간에 떠 있는 이 초대형 인공위성 속엔 항상 5~6명의 우주인이 과학실험에 매진하고 있다. 만약 ISS의 외벽에 구멍이 뚫리거나 금이 가면 어떻게 될까. 그 안에 살고 있는 우주인들의 목숨이 위험해지는 대형 사고로 이어질 수 있다.

마치 영화 속의 한 장면처럼 생각되지만, 이런 일은 실제로도 일어난 적이 있다. 2018년 8월 ISS에 도킹해 있던 러시아의 '소유즈 MS-09' 우주선에 매우 작은 구멍이 뚫리는 사건이 발생한 것이다. 우주선이 ISS에 연결되면 그 순간부터 ISS의 일부가 되는데, 이 구멍 때문에 ISS 전체의 내부기압이 조금씩 낮아지기 시작했다. 처음엔 '운석에 부딪힌 것 같다', '우주선이 제작 도중에 실수가 있었던 것 같다'는 식의 여러 가지 추측이 나왔다. 사실은 러시아 우주인들이 드릴을 사용해 작업하던 중 실수로 구멍을 낸 것으로 밝혀졌다. 구멍의 크기가 2mm 정도로 아주 작았지만, 18일 정도만 그대로 두면 ISS의 공기가 대부분 빠져나가 위험에 빠질 수 있었다.

이 '구멍 하나' 때문에 전 세계는 발칵 뒤집혔다. 'ISS에 구멍이 생겼는데 어떻게 하면 좋으냐'는 기사가 수도 없이 쏟아져 나왔다. 미국과 러시아의 우주본부도 심각하게 반응했다. 러시아 우주인들은 임시로 거즈와 에폭시(접착제의 일종) 등으로 구멍을 막아 보았는데, 어느 정도 공기 유출은 잡았지만 제대로 원인을 찾아 대응하자는 목소리가 다시 높아졌다.

러시아는 결국 안전에 문제는 없는지 확인하기 위해 또 다른 우주선을 추가로 발사했다. 그러나 이 '소유즈 MS-10' 우주선은 발사 2분 45초 만에 2단 로켓 고장으로 추락했다. 다행히 탑승 중이던 우주인들이 비상탈출에 성공해 인명피해는 없었지만, 많게는 수백억 원 이상이 들어가는 우주선 발사에 실패한 것은 뼈아픈 일이었다. 방법이 없어진 러시아연방우주청은 ISS에 타고 있던 우주인 두 사람에게 "우주복을 입고 밖으로 나가 구멍을 두 눈으로 확인하라"고 지시했고, 두 사람은 8시간에 달하는 힘든 우주유영을 해야만 했다. 전 세계가 떠들썩했고 많은 사람의 목숨이 위험할 수도 있었으며 적어도 막대한 경제적 손실까지 입혔던 이 사건은 결국 우주선에 생긴 고작 2mm 크기의 작은 구멍 하나 때문에 일어난 일이었다.

사람이 이용하는 각종 기계장치나 건축물에 생긴 작은 구멍 또는 흠집, 균열이 사람의 생명을 좌우하는 경우는 의외로 많다. 사실 순식간에 벌어진 충돌, 폭발 등의 사고가 아닌 이상, 대부분의 기계 고장이나 파손은 본래 작은 균열에서 시작된다. 미세흠집이나 균열은 실제로 거의 모든 사고의 중요 원인 중 하나다. 이런 문제들을 사전에 막을 수 있다면 사회 안전성은 큰 폭으로 높아질 것이다.

만일 ISS에 도킹해 있던 러시아의 '소유즈' 우주선의 외부 소재가

'상처가 저절로 메꿔지는 첨단 소재'였으면 어땠을까. 구멍이나 균열이 생겼을 때 누가 신경 써서 확인하지 않아도 자기 스스로 상처가 치료되는 소재였다면 이런 대규모 사건으로 번지진 않았을 것이다. 우주인들의 목숨이 위태로워질까 봐 가슴 졸이는 일도, 조사를 서두르느라 추가로 발사했던 값비싼 우주선의 추락사고도 겪을 일이 없었을 것이다.

말이 되는 소리냐고 할 사람이 있겠지만 이런 소재는 실제로 만들 수 있고, 또 다양한 분야에 도입되고 있다. ISS 사례처럼 구멍이 뚫리거나 혹은 균열 생기는 등의 손상이 일어나면 정말로 '스스로' 손상이 복구되는 소재다. 살아 있는 동물처럼 금속이나 플라스틱, 건축재료 등이 자기 스스로 상처 입은 곳을 복구하기 때문에 '자기치유 소재(self-healing materials)'라고 불린다.

핵심은 '강력접착제' 같은 복원물질

그렇다면 자기치유 소재는 도대체 어떤 원리로 만드는 걸까. 기본 원리는 의외로 간단한데, 금속이나 플라스틱, 콘크리트 등의 소재 속에 '강력접착제'와 비슷한 액체가 들어 있다고 생각하면 이해하기 쉽다. 속에 빠르게 굳어지는 복원물질, 즉 액체로 만든 화학물질을 섞어 넣는 것이다. 이 원리를 쓰면 거의 대부분의 소재를 '자기치유'가 가능한 물질로 만들 수 있다. 내부에 섞어 넣는 복원물질이 손상이 일어난 부분에서 흘러나오면서 굳어져 저절로 복구 효과를 나타내게 된다.

원리는 간단하지만 만들기는 상당히 까다로운데, 상처를 입었을 때 복원물질이 너무 많이 흘러나오면 복구된 표면이 울퉁불퉁해질 수 있고, 주위의 다른 부품에 묻으면 도리어 고장을 초래할 수도 있다. 정밀 부품의 경우 이런 문제는 치명적일 수 있다. 그렇다고 너무 적게 나오면 복구가 원활하게 이뤄지지 않게 된다.

이 때문에 자기치유 소재를 만들 때는 사용 목적에 맞게 소재와 복원물질의 성질, 소재 속에 섞어 넣는 방법 등을 고루 조정할 필요가 있

자기치유 소재를 만들 때는 소재와 복원물질의 성질, 소재 속에 섞어 넣는 방법 등을 고려해야 한다. 예를 들어 비행기의 날개와 엔진에 쓰이는 자기치유 소재는 서로 달라야 한다.

다. 예를 들어 적의 포탄을 견뎌야 하는 군용 차량의 장갑판을 만드는 경우 최대한 이른 시간 안에 복구가 이뤄지는 것이 중요하다. 반대로 비행기의 날개, 헬리콥터의 로터 등은 장시간 사용하면서 생기는 균열, 이른바 '피로파괴'에 대응하는 것이 더 중요해진다. 이런 경우는 균열이 생길 때마다 내부에서 조금씩, 천천히 복원액체가 새어 나오도록 만드는 편이 더 유리하다.

자기치유 소재로 만드는 물건을 어떤 환경에서 사용하는지도 고민해야 한다. 주변 환경에 맞지 않으면 복원이 이뤄지지 않거나 복원성능이 크게 떨어질 수 있기 때문이다. 예를 들어 일상생활 중에 사용하는 물건이라면 공기를 만났을 때 굳어지는 방식으로 만들어도 충분하다.

그러나 만약 선박의 스크루나 바닥, 잠수함의 외벽 등을 만드는 경우라면, 공기가 아니라 물과 접촉했을 때 굳어지는 복원물질을 사용해야 한다. 또 공기가 아예 없는 밀폐된 환경, 혹은 우주공간에서 사용하는 로봇팔이나 우주선의 외피는 복원물질과 함께 이 복원물질이 굳어지도록 만드는 가교제(架橋劑) 등의 화학물질을 추가로 넣어 주어야 한다. 이 밖에는 온도(열이나 냉기) 등과 반응해 굳어지도록 만드는 방법도 있다.

'마이크로캡슐' 방식 인기, 동물 '혈관' 흉내 내기도

실제로 만드는 방법을 조금 알아보자. 자주 사용하는 방법은 '마이크로캡슐'을 이용하는 것이다. 머리카락 굵기 정도 크기의 작은 초소형 캡슐 속에 복원물질을 넣은 다음, 이 캡슐을 다시 소재 속에 섞어 넣어 여러 가지 제품을 만드는 것이다. 충격을 받게 되면 캡슐도 터지며 복원물질도 흘러나와 빈틈을 메운다. 기본소재 속에 섞어 넣는 캡슐의 크기나 수를 조정하면 꼭 원하는 만큼의 성능을 기대할 수 있다.

이 방법은 2001년 미국 일리노이주립대 항공우주공학과 스콧 화이트 교수팀이 처음 개발했는데, 플라스틱 속에 마이크로캡슐을 넣어 만들었다. 당시로선 획기적인 발명이었지만 캡슐이 일회용이라 똑같은 부위에 균열이 생기면 두 번째부터는 복구가 어렵다는 단점이 있다. 하지만 실제로 균열이 그렇게 자주 일어나지는 않는 점, 한 번이라도 큰 사고를 막을 수 있으니 그 자체로 쓸모가 크다는 점 등을 감안하면 적지 않은 이점이 있다. 헬리콥터의 로터, 비행기의 날개처럼 합성수지로 만들 수 있는 많은 제품의 내구성을 올릴 수 있는 방법이었다.

최근에는 소재 속에 유리 혹은 그와 비슷한 소재로 만든, 깨지기 쉬운 미세한 관을 만들어 넣기도 한다. 마치 동물의 혈관 속에 피가 흐르다가, 상처를 입으면 피 속에 있던 혈소판이 모여들어 상처를 막는 것과도 비슷하다. 이 때문에 흔히 '혈관 모사법'이라고도 부르기도 한다.

혈관 모사법은 충격을 받거나 균열이 생기면 모세관이 깨지면서

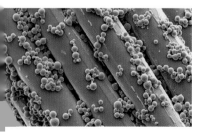

충격을 받거나 균열이
생기면 복원물질을 내놓는
마이크로캡슐의 현미경 사진.
© Benjamin Blaiszik

마이크로캡슐 방식

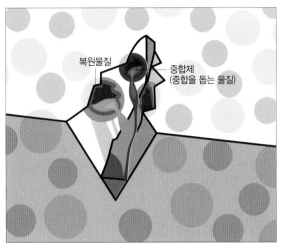

혈관 모사법

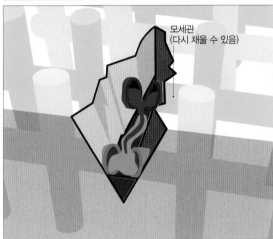

고유성 활용 방식

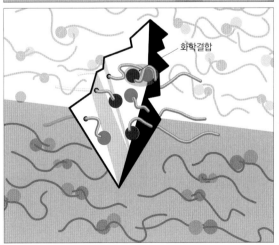

자기치유 시스템의 3종류

자기치유 시스템에는 복원물질이 들어간 초소형 캡슐을 이용하는 방식(마이크로캡슐 방식), 혈관을 모사해 복원물질이 포함된 모세관을 넣는 방식(혈관 모사법), 특정 화학결합의 가역적 특성을 이용하는 방식(고유성 활용 방식) 등이 있다. 캡슐이나 모세관은 충격을 받거나 균열이 생기면 깨지면서 그 속의 복원물질이 흘러나와 소재의 빈틈을 메운다.

그 속에 들어 있던 복원물질이 흘러나오도록 하는 방법, 속이 빈 섬유를 섞어 넣고 그 속에 복원물질을 채워 넣어두는 방법 등이 활용된다. 다만 이 방식은 자기치유 과정에서 복원물질이 마이크로캡슐 방식에 비해 더 많이 흘러나오는 경향이 있다. 복구한 부분에 지저분한 물질이 묻어 나오거나 우툴두툴하게 표면이 변형될 수도 있다. 정밀부품에 적용하기엔 마이크로캡슐 방법보다 다소 불리하다.

이 방법은 모세관이나 섬유를 통해 계속 복원물질을 공급할 수 있으므로, 자기치유 소재의 복원능력을 꽤 장시간 유지할 수 있다. 물론 몇 번씩이나 계속해서 복구되긴 어렵다. 금속 등의 소재 내부에 만든 모세관이나 섬유 등이 손상되면 가교제를 전달하기 어렵기 때문이다. 보통 5~10번 내외인 경우가 많다고 알려져 있다. 물론 경우에 따라 마이크로캡슐 방식과 혈관모사 방식을 한꺼번에 적용할 수도 있다.

드물게는 말랑말랑한 고무 같은 소재도 복원할 수 있다. 이런 소재엔 '겔(gel)' 형태의 물질을 섞어 넣기도 한다. 이같은 방법은 2010년 일본 도쿄대 아이다 다쿠조 교수가 서울대 화학부 이명수 교수와 공동으로 개발했는데, 그 결과가 과학저널 《네이처》에 발표돼 화제가 된 바 있다. 이런 방법을 두루 이용하면 금속, 플라스틱, 폴리머(고분자) 소재, 세라믹처럼 단단한 물질뿐 아니라 페인트 같은 도료, 고무 같은 피막 등 거의 모든 물질을 자기치유 소재로 만들 수 있다.

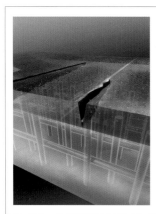
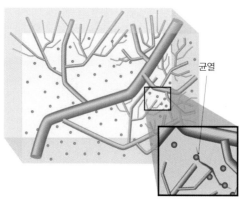

균열

모세혈관을 모방한 자기치유 시스템
모세혈관처럼 미세한 관을 심어 놓으면, 균열이 발생할 때 복원물질이 흘러나와 스스로 손상이 회복된다. 이 시스템은 일회성으로 제한된 캡슐 방식과 달리 여러 번 반복적으로 작동한다.
ⓒ Beckman Institute for Advanced Science and Technology / University of Illinois at Urbana-Champaign

골치 아픈 정전문제 사전에 막는다

　　최근 발표된 국내 연구성과 중 가장 두드러지는 것은 송전케이블 속 단자함을 자기치유 소재로 만든 것이다. 2020년 5월 정용채 한국과학기술연구원(KIST) 전북분원 구조용 복합소재연구센터장팀이 개발했는데, 지하에 설치하는 송전케이블 사이를 이어주는 '중간접속함'의 균열을 자동으로 복원할 수 있다.

　　송전케이블 접속함은 보수하기가 상당히 까다로운데, 금속 피막으로 덮여 있는 데다 단자함 자체도 거의 밀봉돼 있어 X선이나 초음파 등으로 비파괴 검사를 하기도 어렵다. 하지만 고압의 전류는 계속해서 흐르기 때문에, 연결부위를 감싸고 있는 실리콘 성분의 절연체에 계속 작지 않은 충격이 생긴다. 고압 전류는 얼핏 주위에서 보기에 부도체로 여겨지는 물질을 타고 흐를 수 있으므로 주위를 감싼 절연체가 깨지면 누전이 일어나게 된다. 송전케이블에 누전이 생긴다는 말은 곧 대규모 정전이 일어날 가능성이 있다는 의미다. 실제로 2011년에는 여수산단에 접속함 고장으로 정전이 일어나 700억 원에 달하는 재산피해가 나기도 했다. 이런 사고는 계속해서 이어져 왔는데, 한국전력이 2019년 안전점검을 하며 밝힌 지중접속함 사고 사례는 2001년 이후 총 43회에 이른다. 2019년 현재 전국에 있는 땅속 접속함의 숫자가 13만8760개 정도라고 하니 사고는 언제든 다시금 이어질 수 있는 셈이다.

　　KIST 연구진이 이 문제를 해결한 방식이 바로 자기치유 소재를 이용한 것이다. 연구진은 모세혈관법 같은 다양한 신기술을 두고 원조 격인 '마이크로캡슐 방식'을 이용했다. 실리콘 절연체를 복원할 수 있는 에폭시 수지를 넣은 캡슐, 그리고 이를 굳힐 가교제가 들어 있는 캡슐을 각각 만든 뒤, 이것들을 섞어 넣어 '자기치유 절연체'로 만들었다. 이 절연체 위에 균열이 생기면 캡슐이 터지면서 자동으로 복원이 이뤄지게 된다. 연구진은 이 성과를 공개하면서 "절연체에 생기는 균열은 섞여 들어 있는 이물질을 향해 자라나는 특성이 있었다"고 밝혔다. 절연체의

실리콘 절연체에 고압전기가 계속 흐르다 보면 균열(전기트리)이 만들어진다(위). 자기치유 소재로 만든 절연체(아래)는 마이크로캡슐에서 나온 용액이 균열을 메우기 때문에 전기트리가 사라지는 것을 볼 수 있다. ⓒ 한국과학기술연구원

경우는 캡슐 방식을 선택하는 것이 가장 유리했다는 설명이다.

복원물질로 세균, 곰팡이까지 동원

　　자기치유 소재 중 일부는 상용화 단계에 접어들고 있다. 대표적인 것은 네덜란드 델프트공대 연구팀이 개발한 물질이다. 2014년 연구팀은 세균 캡슐을 콘크리트 속에 섞어 넣은 '자기치유 콘크리트'를 개발했는데, 이 기술이 건축업계에 혁명을 일으킬 수 있을 것으로 보고 '바실리스크(유럽 신화 속 상상의 동물. 중세 유럽 전설에선 코카트리케 혹은 코카트리스와 같은 존재로 보기도 한다. 눈이 마주친 사람을 돌로 만들어 버리는 능력을 갖고 있다.)'란 이름의 회사를 세웠다. 연구팀은 이 기술로 2015년 '유럽 발명가 대회' 최종 우승후보팀에 들기도 했다.

　　여기에 쓰이는 세균(박테리아)은 건조되면 포자 모양의 껍질 속에서 휴면 상태에 들어가기 때문에 최대 200년간 생존할 수 있는데, 영양분인 젖산칼슘과 함께 압축·건조해 생분해성 플라스틱으로 만든 캡슐에 넣어 콘크리트에 섞는다. 캡슐 안에 들어 있는 세균은 콘크리트를 반죽하는 과정에서 죽지 않고 콘크리트에 섞여 있으며, 플라스틱 캡슐은 콘크리트가 굳은 뒤 서서히 분해된다. 즉 콘크리트 내부에 작은 기포가 생기고, 그 속에 세균과 젖산칼슘만 남아 있는 상태가 된다. 만일 균열이 생기면 내부에 있던 캡슐이 깨지며 공기 중의 수분 및 산소와 결합하면서 휴면 상태인 세균이 활성화된다. 그 이후 세균은 옆에 있던 젖산칼슘을 먹고 분해하면서 시멘트 원료인 석회석 주성분 탄산칼륨을 생성해 균열을 자동으로 메꾸게 된다.

　　바실리스크의 세균 콘크리트는 이미 상용화됐다. 네덜란드는 물론 독일과 벨기에에서도 자기치유 콘크리트가 판매되고 있다.

네덜란드 델프트공대 연구팀이 개발한 자기치유 콘크리트. 자기치유 비결은 콘크리트 속에 넣은 세균 캡슐에 있다.
© Delft University of Technology

2019년 11월에는 1686년 지어진 네덜란드 '헤트 루' 궁전을 개축하는 공사에 이 세균 콘크리트가 투입된 바 있으며, 일본은 2020년 2월부터 기술이전 계약을 맺고 자국 내에서 세균 콘크리트 제조에 들어갔다. 한편 우리나라에서는 2015년경 연세대 연구진이 자기치유 기능을 가진 보호코팅제를 활용해 만든 '자기회복 콘크리트'를 개발한 바 있다.

비슷한 연구는 네덜란드 이외에 미국에서도 진행됐는데, 세균이 아니라 곰팡이를 이용했다는 점에서 차이가 있다. 2018년 1월 미국 뉴욕주립대학과 러트거스대학 공동 연구팀이 곰팡이를 이용한 자기치유 콘크리트를 개발하고 이 내용을 전문 학술지《건설과 건자재(Construction and Building Materials)》최신호에 발표한 바 있다. 여기에 쓰인 곰팡이는 '트리코더마 레세이(*Trichoderma reesei*)'라는 종이다. 연구팀은 콘크리트 혼합물에 이 곰팡이 포자를 일부 섞었다. 곰팡이의 포자는 매우 오랜 시간 산소나 물 없이 생존할 수 있다. 그러다가 균열이 발생해서 그 틈으로 물과 산소가 공급되면 증식하기 시작한다. 곰팡이가 증식하면서 주변 물질을 흡수해 탄산칼슘 구조물을 만들어 균열을 복원한다. 보통 건축물에 생기는 곰팡이가 건축물 균열 틈새로 성장하며 달라붙어 붕괴를 초래하는 것과는 정반대이다. 생명체의 대사과정을 이용한다는 기본적인 원리는 바실리스크 사와 비슷한 셈이다. 또 이 과정에서 균열이 완전히 메워지면 물과 산소가 없기 때문에 곰팡이는 다시 포자 상태로 돌아가 다음 기회를 노린다.

콘크리트나 시멘트, 벽돌, 철근 등의 건축자재를 자기치유 소재로 만들 때 얻을 수 있는 이점은 매우 큰데, 틈새로 공기와 수분이

델프트공대 연구팀의 자기치유 콘크리트가 회복되는 과정. 콘크리트에 균열이 생기면 캡슐이 깨지고 세균이 활성화되어 주변의 젖산칼슘을 분해한 뒤 탄산칼륨(시멘트 원료인 석회석 주성분)을 생성해 균열을 메운다.

© Delft University of Technology

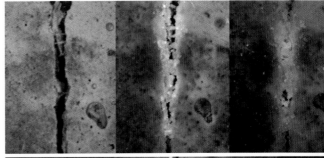

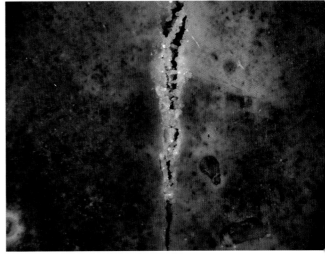

들어오지 않는다면 콘크리트의 균열이 계속 커지는 것을 막을 수 있으므로 별도의 보수 없이도 오랜 세월 콘크리트 구조물이 유지될 수 있다. 이 원리를 단순하게 아파트, 주택의 안전성이 높아지는 정도로 여길 수 있지만, 실제로 사회 기반시설의 안전성을 높이는 효과도 기대할 수 있다. 예를 들어 원자력발전소의 방호용 콘크리트를 자기치유 소재로 만들어 두면 만에 하나 발생할 수 있는 원전사고 시 방사성물질 유출을 예방할 가능성이 커진다. 지하 하수관, 고층빌딩 골조, 공항 활주로, 터널처럼 사고가 생기면 대규모 인명피해가 예상되는 거의 모든 사회기반시설의 안전성을 높일 수 있다. 결국 자기치유 소재를 이용한 건축기술은 사회에 전반적으로 쓰이게 될 것으로 기대된다.

우주선에서 배터리까지 응용 범위 무궁무진

현재까지의 연구동향을 볼 때 자기치유 소재의 응용 범위는 무궁무진하다. 특히 산업 분야에서 큰 관심을 보이고 있다. 거의 모든 공산품에 적용할 수 있기 때문이다. 특히 극한 성능이 필요한 군사용, 산업용, 과학탐사용 장비를 개발하는 데 이용하려는 시도가 많다. 비행기나 헬리콥터 날개에 흠집이 생기거나 자동차의 연료계통 부품에 조그마한 균열이 발생한다면 치명적인 사고로 이어질 가능성이 충분한데, 이런 문제를 예방할 수 있기 때문이다.

우선 비용에 비해 안전이 더 중요한 분야, 즉 많은 돈을 들여도 최고의 성능을 얻고 싶은 분야에서 인기가 있다. 대표적인 것이 우주개발 분야다. ISS 사고를 목격한 미국은 앞으로 우주선에 자기치유 소재를 동원할 계획이다. 미국항공우주국(NASA) 산하 랭글리연구소가 2019년 우주선 외벽 사이에 산소에 반응하는 자기치유 소재를 넣는 기술을 개발했는데, 이 자기치유 소재는 사고로 우주선에 구멍이 나면 우주선 속 산소가 빠져나가는 걸 감지하고 즉시 구멍을 메꾼다.

NASA의 자기치유 소재 연구는 10여 년 전으로 거슬러 올라간다.

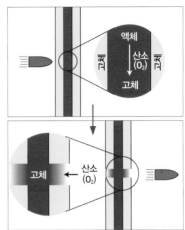

미국항공우주국(NASA)의 우주탐사 거주지 모형. 미소 유성체 손상에 취약하기 때문에 자기치유 소재를 적용해 개발하고 있다. 미소 유성체나 우주 쓰레기를 모사한 총알이 자기치유 소재를 뚫게 되면, 자기치유 소재가 산소에 노출되어 스스로 굳으며 구멍을 메운다.
ⓒ NASA

NASA는 2010년 초반부터 우주선에 사용할 목적으로 자기치유 소재를 개발해 왔는데, 2010년 초에는 '폴리부타디엔'이라는 이름의 중합체 물질 속에 탄소섬유를 복원물질에 적셔 만든 폼(form)을 넣어 자기치유 소재를 만들었다. 충격을 받으면 용액 속에 녹아 있던 고분자가 굳어지면서 구멍이나 균열을 막게 된다. 2015년엔 산소에 노출되면 응고하는 특수 액체(트리부틸보레인)가 포함된 자기치유 소재에 총을 쏴 보는 실험을 했는데, 구멍이 뚫리자마자 1초 만에 저절로 복구됐다. NASA는 2030년까지 우주선과 우주복에 자기치유 기술을 도입할 계획이다.

자기치유 소재는 고온, 고압의 가혹한 환경에 처해 있거나 수리하기 어려운 부품 등에 사용될 수 있다. 예를 들어 항공기나 자동차, 열차, 선박 등의 엔진, 자동차 등의 뼈대로 쓰이는 탄소섬유복합재료(CFRP)에 쓰일 수 있다.

일본 요코하마국립대 연구진은 금이 가거나 갈라지더라도 10분 안에 스스로 회복하는 항공기 엔진용 고강도 세라믹(도자기와 비슷한 방법으로 만드는 신소재) 소재를 개발한 바 있다. 세라믹은 현재 자동차 엔진을 만들 때 사용하는 니켈합금보다 가벼워 연료를 약 15% 절감할 수 있는데, 세라믹 특성상 여러 가지 문제가 생길 우려가 있다. 세라믹은 매우 단단한 대신 깨지기가 쉬운 편이다. 더구나 엔진 부품은 고온에서 작동하고, 피스톤 등이 움직이면서 충격을 받기 때문에 균열에 매우 취약하다. 자기치유 소재를 이용하면 고장을 손쉽게 예방할 수 있어 엔진 수명을 크게 늘릴 수 있다. 이 경우는 '열'을 이용하는데, 균열이 발생한 곳에 고온의 공기가 스며들면, 세라믹 소재 내부에 심어 둔 섬유 속에 있던 회복물질 '탄화규소'가 녹아 나오면서 갈라진 틈을 메우게 된다. 연구진은 엔진 시제품을 만들어 2025년경 연소 시험을 하고 실용화할 계획이다. 영국도 관련 분야 연구가 활발하다. 2015년 항공기 날개에 끼워 넣으면 비행 중에 생긴 작은 흠집을 스스로 치유할 수 있는 마이크로캡슐 형식의 자기치유 소재를 개발하기도 했다.

아직은 시간이 필요해 보이지만, 자기치유 소재는 의외로 일반 시민들에게 친숙한 전자제품 등의 개발에도 적극적으로 도입될 것으로 보인다. 스마트폰의 액정을 보호하거나 TV 같은 대형 전자제품의 회로를 보호하는 목적으로도 쓸 수 있다.

최근에는 자석을 이용한 자기치유 소재도 등장했다. 배터리처럼 전기회로 보호가 필요한 제품 속에 자기장이 강한 '네오디뮴'을 섞어 넣는 방법으로, 자석을 이용한 자기치유 배터리를 만든 것이다. 만약 배터리 속 전기회로가 일부 파손되면 여기에 미세한 자석입자가 달라붙어 전기회로가 연결된 상태를 유지하도록 돕는다. 이 연구성과는 미국 샌디에이고 캘리포니아대 연구진이 개발해 2016년 11월에 학술지 《사이언스 어드밴시스》에 발표한 바 있다.

작은 흠집이나 상처는 스스로 원상 복구

다양한 개발 사례를 보면 자기치유 소재는 금속이나 콘크리트처럼 공장에서 비교적 '단단한 물건'을 만들 때 사용될 거라는 느낌을 받을 수 있다. 그러나 실제로는 화학반응을 이용해 만들 수 있는 고분자 물질, 예를 들어 페인트, 플라스틱, 합성수지 및 필름 등의 고분자 물질에 적용하기가 훨씬 더 쉬운 편이다. 이런 물질은 화학물질의 기본적인 성질을 조정해 만드는 것으로, 보통 과거에 '형상기억 소재'라고 불리던 것과 원리 면에서는 비슷하다. 이 원리를 고분자 물질에 적용하면 구겨지거나 흠집이 난 정도의 상처는 고분자 물질의 탄성 등으로 인해 저절로 복원된다. 손상을 입은 부위에 열이나 빛, 전자기장 등을 쪼여주면 좀 더 빠르게 본래 형태로 돌아가게 만드는 경우도 있다. 균열이 생기거나 구멍이 뚫리는 것까지 복구되는 '진짜' 자기치유 소재에 비하면 조금 부족하지만, 이 경우도 명백하게 '자기치유 소재'의 범주에 들어간다.

이 기술은 의외로 쓸모가 많은데, 일상생활에서 흔히 쓰는 플라스틱이나 페인트 등도 자기치유 소재로 만들 수 있기 때문이다. 미국 일리노이대 연구진은 2014년 자기치유 기능을 가진 플라스틱을 개발했는데, 폴리우레아로 만들어진 이 탄성체 소재는 촉매 없이도 저온에서 회복이 진행된다. 같은 해 미국 샌타바버라 캘리포니아대 연구진은 홍합의 단백질을 이용해 습기가 많은 환경, 심지어 물속에서도 스스로 치유되는 물질을 합성했다. 2016년 5월에는 미국 펜실베이니아주립대 연구진이 오징어의 촉수에서 추출한 단백질을 이용해 자기치유 기능을 가진 섬유를 만들었다. 이 섬유는 찢어져도 물에 적셨다가 말리면 스스로 원상 복구가 된다.

새로 산 자동차에 흠집에 생겨 속이 상한 적이 있는 사람들이 많을 것이다. 일본의 닛산자동차는 이런 소비자들을 위해 2005년 자동차 표면에 적용할 수 있는 코팅 처리제를 개발한 바 있다. '니폰페인트'와 함께 개발한 이 코팅제는 흠집이 발생하더라도 하루에서 일주일 사이에 원상태로 회복된다.

2012년에는 일본 합성섬유 전문업체 '도레이'가 자기치유 능력을 갖춘 전자기기용 필름을 개발하기도 했다. 작은 흠집이나 상처를 10초 이내에 스스로 치유할 수 있었고, 최대 2만 번까지 원래대로 회복할 수 있다. 도레이는 자기치유 필름을 노트북, 스마트폰, 터치스크린 등의 보호용 필름에 적용하기도 했다. 덕분에 흠집이 저절로 지워지는 자동차나 스마트폰 필름이 등장하고 있다.

보호용 필름이 입혀지는
스마트폰. 자기치유 소재로
보호용 필름을 만든다면
흠집이 나도 스스로 회복될 수
있다.

자기치유 원리로 금속의 부식을 막을 수 있기 때문에 코팅은 중요한 분야 중 하나다. 전 세계에서 부식에 의한 경제적 손실이 매년 3,000억 달러에 달하는 것으로 추정되고 있다. 이런 기술이 연구단계를 거쳐 대량생산이 이뤄지면 작은 흠집이나 스크래치 등이 저절로 사라지도록 만들 수 있다. 앞으로 다양하고 아름다운 제품을 언제나 새것처럼 사용할 수 있는 세상이 올지도 모를 일이다.

'사람 피부'처럼 정말로 치유되는 소재

최근 이런 단계를 넘어서서 아예 물질의 분자구조를 결합시켜 버리는 기술도 등장했다. 소재 자체가 사람의 피부처럼 '정말로 치유되는 방식'이다. 이런 분자결합 형태의 자기치유 소재는 상대적으로 금속처럼 아주 단단한 물건보다는 탄성이 있는 물질, 예를 들어 고무와 같이 말랑말랑한 성질의 물질을 자기치유 소재로 만들 때 유리하다.

대표적인 것이 '로탁세인(rotaxane)'이라는 물질이다. 본래 미국 노스웨스턴대 프레이저 스토더트 교수가 1991년 개발했는데, 흔히 말하는 '분자기계'의 일종이었다. 안쪽을 들여다보면 얇은 실 모양의 분자에, 고리형 분자를 꿰어낸 형태의 구조를 하고 있다. 스토더트 교수는 로탁세인을 이용해 사람의 근육처럼 움직이는 분자(분자근육)를 만드는가 하면, 분자기반 컴퓨터 등을 만드는 데도 성공하는 식으로 관련 분야에서 다양한 연구결과를 발표해 왔다. 그 결과 스토더트 교수는 2016년 노벨 화학상을 받았다. 이 로탁세인을 이용해 새롭게 자기치유 소재를 만든 건 일본 오사카대 하라다 아키라 교수팀이다. 하라다 교수는 2016년 로탁세인의 분자 끝부분에 붕산과 알코올 입자를 붙이는 방법을 이용해 주변의 다른 로탁세인 분자와 강한 접착성을 갖도록 만들었

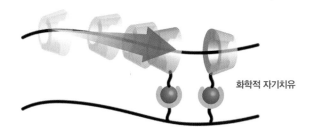

물리적 자기치유

화학적 자기치유

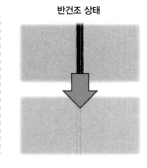

하이드로겔 상태(습한 상태)　　　　반건조 상태

다. 전자를 원자끼리 공유하면서 마치 본래부터 하나였던 물질처럼 강하게 달라붙는 '공유결합'의 원리를 이용한 것이다.

　　하라다 교수팀은 이렇게 만든 로탁세인을 '자기치유 소재'로 만들고 싶은 재료 속에 집어넣었는데, 마이크로캡슐 속에 집어넣거나 모세관 등에 흘려 넣지 않고 '반죽하듯' 섞었다. 충분한 수분이 있었기 때문에 마치 묵과 같이 생긴 '겔' 형태였다. 실험에선 이 소재를 칼을 이용해 절반으로 잘랐는데, 다시 맞대어 놓자 10분 만에 원래 모양대로 달라붙었다. 이런 성과는 과거와 달리 '사람 피부처럼 저절로 치료되는 물질'을 개발해 냈다는 점에서 큰 의미가 있다. 마치 본래부터 하나였던 물건처럼 완벽하게 상처가 메꾸어진 것이다. 하라다 교수팀은 이 연구성과를 2016년 11월 화학분야 전문 학술지 《켐(Chem)》에 발표한 바 있다.

　　비슷한 연구는 2008년 프랑스에서도 진행된 적이 있다. 프랑스 국립과학연구원(CNRS) 제난 바오 교수팀이 자기치유 소재로 만든 고무

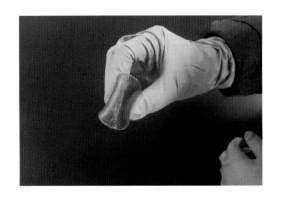

2018년 1월 한국화학연구원
연구팀이 개발한 자기치유
고탄성 소재(엘라스토머).
ⓒ 한국화학연구원

를 잘랐다 붙이는 데 성공했다. 절단된 양쪽 끝 부분을 붙이면 상온에서도 스스로 치유되는 고무의 성질을 갖는 재료를 만들었던 것이다. 고무 속에 니켈을 섞어 넣은 뒤 전기의 힘을 이용했다. 2016년 일본 연구진이 만든 물질은 '공유결합'을 이용해 접착되기 때문에 사실상 하나의 물질로 돌아갔다고 볼 수 있는 반면, 프랑스 연구진의 결과는 '수소결합(물질 속에 있는 질소나 산소 등이 수소 원자 주위에서 정전기의 힘으로 붙어 있는 것)' 형태라는 점에서 다소 차이가 있다.

이런 수소결합 형태의 자기치유 소재는은 국내에서도 개발한 적이 있다. 2018년 1월에는 한국화학연구원 연구팀이 구연산과 숙신산을 합쳐 강력한 수소결합으로 끊어져도 다시 붙는 고분자를 개발했다. 연구팀은 3mm 두께의 고분자 밴드를 칼로 자른 뒤 단면을 붙여 놓자 1분 만에 다시 달라붙었는데, 잘랐다 붙인 고무로 1kg짜리 무게추를 들어 보이기도 했다. 2019년 6월엔 한국과학기술원(KIST) 연구진도 이와 비슷한 연구결과를 내놓은 적이 있다. 손상되거나 완전히 절단되더라도 이전과 똑같은 모습으로 복구되는 자기치유 신소재를 개발했다고 발표한 것이다. 이런 연구는 자기치유 인공 뼈나 인공 인대, 인공장기 등 다양한 생체용 재료를 만들 때도 사용할 수 있기 때문에 의학계의 관심 역시 높다.

물론 자기치유 소재가 만능은 아니다. 가격이 비싸거나 대량생산이 어렵거나 평범한 소재보다 강도가 떨어지는 것 같은 문제가 생길 우려도 안고 있다. 가격이 비싸지는데 강도는 도리어 떨어진다면, 특별한 경우가 아닌 한 도입할 이유가 거의 없다. 더 적은 비용으로 더 튼튼한 제품을 만들 방법은 얼마든지 찾을 수 있기 때문이다. 경제적 원칙에 부합하지 못한 제품이 널리 쓰이기를 기대하긴 어려운 까닭이다.

그러나 최근 관련 기술이 발전하면서 신소재를 적용하며 늘어난 건설비, 제작비 등에 비해, 자기치유 소재를 이용해 유지보수 비용을 줄이면 장기적으로는 경제적으로도 이익이라는 판단이 나오고 있다. 또 안전성을 높이면서 얻을 수 있는 사회적 비용까지 고려하면 대단히 큰 장점이 있다.

다행히 이미 산업계에서도 '자기치유 소재'를 적극적으로 도입하는 분위기다. 관련 기술이 실용화 수준에 도달하면서 관련 시장이 빠르게 성장하고 있다. 글로벌 시장조사기관 '마켓츠앤마켓츠'는 2015년 자기치유 소재 시장이 4,980만 달러(약 600억 원) 정도였지만 2021년에는 24억 4,770만 달러(약 2조 9,530억 원)에 이를 것으로 전망했다. 자기치유 소재가 미래 소재산업의 핵심을 담당할 충분한 경쟁력을 가진 것만큼은 틀림없어 보인다.

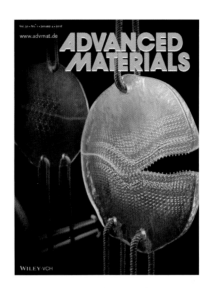

한국화학연구원 연구팀이 개발한 자기치유 소재에 대한 연구성과가 실린 학술지 《어드밴스드 머티리얼스》의 2018년 1월 4일 자 표지.
ⓒ Advanced Materials

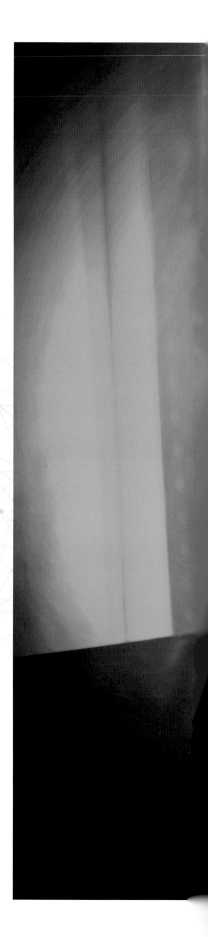

디지털 범죄 수사

박응서

고려대 화학과를 졸업하고, 과학기술학 협동과정에서 언론학 석사학위를 받았다. 동아일보 《과학동아》에서 기자 생활을 시작했고, 동아사이언스에서 eBiz팀과 온라인뉴스팀에서 팀장을, 《수학동아》, 《어린이과학동아》 부편집장을 역임했으며, 현재는 머니투데이방송에서 선임기자로 활동하고 있다. 지은 책으로는 『테크놀로지의 비밀찾기(공저)』, 『기초기술연구회 10년사(공저)』, 『지역 경쟁력의 씨앗을 만드는 일곱 빛깔 무지개(공저)』, 『차세대 핵심인력양성을 위한 정보통신(공저)』, 『과학이슈11 시리즈(공저)』 등이 있다.

n번방과 가상화폐, 디지털 범죄자 어떻게 찾아내나?

이번 n번방 사건의 범죄자들은 텔레그램처럼 보안이 뛰어난 메신저를 이용해 범죄를 저질렀다.

지난 3월 20일 지상파 방송 3사인 KBS, MBC, SBS가 저녁 뉴스로 소위 'n번방' 사건을 보도하면서, 인터넷 메신저 프로그램인 텔레그램을 이용해 수십 명의 여성을 괴롭히던 디지털 성범죄 사건이 전 국민에게 알려졌다.

경찰청에 따르면 지난 3월 20일 기준으로 n번방 중 7번방과 박사방을 포함해 텔레그램에서 성착취물을 제작해 유포하고, 소지한 피의자 124명을 검거하고 18명을 구속했다. 박사방을 개설한 닉네임 '박사'인 조주빈과 그 일당 14명은 3월 17일 검거됐다. 지난 5월에는 텔레그램에

1번부터 8번까지, 이른바 n번방이라고 부르게 된 방을 만든 닉네임 '갓 갓'인 문형욱이 체포됐다.

이전에도 한겨레와 SBS 등 다른 매체에서 텔레그램을 이용한 디지털 성범죄 사건을 보도한 적이 있었다. 지난 1월 15일에는 n번방 사건과 관련해 국제공조수사와 디지털성범죄 전담부서 신설 등을 담은 국민청원이 올라와 10만 명이 동의했다. 지난 2월 14일에는 텔레그램 성착취 대응 공동대책위원회가 발족했다.

이번 n번방 사건으로 국민들도 디지털 범죄에 대한 관심이 높아지고 있다. 특히 이번 사건의 범죄자들은 텔레그램처럼 보안이 뛰어난 메신저와 추적이 쉽지 않은 암호화폐를 거래에 이용하는 방식으로 최첨단 정보기술(IT)을 범죄에 활용했다. 자신들의 범죄 정보가 노출되는 것을 막고, 혹시 들키더라도 나중에 이뤄질 조사를 막기 위해서다. 뛰어난 디지털 기술을 범죄에 악용한 대표적인 사례인 셈이다.

이들은 텔레그램과 암호화폐처럼 추적이 어려운 디지털 기술을 이용했다. 그런데 어떻게 잡히게 된 것일까. 또 해당 방에 참여했던 이들을 어떻게 찾아내는 것일까. 이를 위해서는 텔레그램과 암호화폐와 같은 디지털 기술과 디지털 기기에 들어 있는 데이터에서 범죄 단서와 증거를 찾아내는 과학수사 방법인 디지털포렌식에 대한 이해가 필요하다. 범죄자들이 보안이 뛰어난 디지털 기술을 이용했음에도 많은 사실이 드러나고 있는 것은 디지털포렌식이라는 수사 기법 덕분이다.

텔레그램의 '비밀대화' 기능에는 '종단 간 암호화' 기술 적용

먼저 텔레그램에 대해 알아보자. 한국에서 텔레그램이 인기를 얻기 시작한 것은 2014년, 당시 박근혜 정부가 사이버 검열을 강화하면서 카카오톡에서 텔레그램으로 사이버 망명 붐이 일었다. 2014년 9월 18일 검찰은 '사이버 명예훼손 전담수사팀'을 발족했다. 당시 박근혜 대통령이 "대통령 모독 발언이 도를 넘었다"고 국무회의에서 발언한 뒤 이틀 만에 전격 구성했다. 전날 검찰은 '사이버상 허위사실 유포사범 엄정대응을 위한 유관기관 대책회의'를 열었는데, 이때 행정안전부, 미래창조과학부, 방송통신심의위원회, 한국인터넷진흥원, 카카오톡, 네이버, 다음, 네이트 간부가 참석했다. 이날 카카오톡 간부가 회의에 참석했다는 사실이 알려지면서 카카오톡 이용자들이 빠르게 텔레그램으로 이동하기 시작했다. 사법당국이 언제든지 카카오톡 대화 내용을 감시할 수 있다는 불안 심리가 작용한 것이다.

실제로 정부는 2013년 12월 철도노조 파업 당시 잠행 중인 노조 지도부를 검거하기 위해 카카오톡 접속 위치를 추적했다. 경찰은 카카오톡으로부터 2013년 12월 28일부터 2014년 1월 16일까지 철도노조 이용석 부산본부장의 카카오톡 접속 위치를 실시간으로 받았다. 당시 카카오톡 측은 로그 기록은 법으로 3개월간 보관하도록 돼 있고, 수사기관이 적법하게 요구하면 사업자는 제공해야 한다고 밝혔다.

당시 카카오톡은 대화 내용을 3~7일 정도 보관해왔다. 카카오톡은 PC 버전 지원과 출장이나 휴가 때 보지 못하는 사용자 편의를 위한 배려라고 설명했다. 이런 논란에 카카오톡은 대화 저장 기간을 2~3일로 단축했다. 하지만 여전히 일정 기간은 대화가 서버에 저장되는 셈이다. 필요시 대화 내용까지도 수사기관이 사업자로부터 받아갈 수 있다는 얘기다.

반면 텔레그램은 처음부터 외부로부터 감시를 받지 않으면서 대화를 나눌 수 있게 한다는 목적으로 만들어 이 같은 일이 어렵다. 텔레그램은 정부 요원이나 고용주 같은 제3자로부터 개인 대화를 보호하고 마케팅 담당자나 광고주 같은 제3자로부터 개인정보를 보호한다고 공식적으로 밝히고 있다. 또 설립 목적 자체를 '검열받지 않을 자유'로 내세우고 있기도 하다.

텔레그램은 2013년 러시아에서 니콜라이 두로프와 파벨 두로프 형제가 만들었다. 러시아 정부에서 텔레그램을 이용한 반정부 인사에 대한 정보를 달라고 요청하자, 이들은 독일로 망명했다. 또 2014년에서 2017년 이슬람 극단주의 무장단체 IS가 텔레그램을 의사소통창구로 사용했

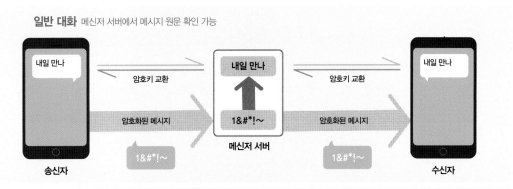

일반 대화 메신저 서버에서 메시지 원문 확인 가능

내일 만나

암호키 교환

내일 만나

암호키 교환

내일 만나

암호화된 메시지

1&#*!~

암호화된 메시지

1&#*!~

메신저 서버

1&#*!~

송신자

수신자

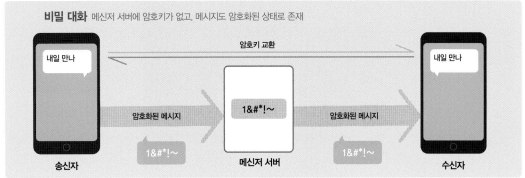

비밀 대화 메신저 서버에 암호키가 없고, 메시지도 암호화된 상태로 존재

암호키 교환

내일 만나

내일 만나

암호화된 메시지

1&#*!~

암호화된 메시지

1&#*!~

메신저 서버

1&#*!~

송신자

수신자

음에도 테러범에 대한 정보를 제공하지 않았다. 이 같은 사례가 사용자들에게 텔레그램은 수사 기관에 정보를 제공할 가능성이 없다는 믿음을 심어주고 있다.

게다가 텔레그램은 본사와 서버의 위치가 불분명하다. 수사기관에서 기록을 요청하는 것부터 어려울 뿐 아니라 요청해도 받기가 쉽지 않은 상황이다. 이번에 벌어진 n번방 사건과 관련해서도 수사당국은 텔레그램에 협조를 요청하는 데 어려움이 많다고 밝혔다.

게다가 텔레그램이 제공하는 '비밀 대화(Secret Chat)' 기능을 이용하면 제3자가 대화를 내용을 알아내는 것이 불가능에 가깝다. 텔레그램은 메시지를 보낸 사람과 받는 사람 두 사람만 읽을 수 있는 방식으로 암호화한다. 이를 '종단 간 암호화(end-to-end encryption)' 기술이라고한다. 서버에 대화 내용을 저장하기는 하지만, 암호키가 없는 암호로 된대화 내용만 기록된다. 따라서 암호키를 갖고 있는 보낸 사람과 받는 사

종단 간 암호화 기술
메신저에서 이용하는 일반 대화와 비밀 대화의 메시지 내용은 서버에 다르게 저장된다. 일반 대화의 메시지는 서버에서 원문을 확인할 수 있는 반면, 비밀 대화의 메시지는 서버에 암호키가 없어 확인할 수 없다.

람이 아니면 대화 내용을 확인할 수가 없다.

중간에서 해커가 대화 내용을 가로채거나 수사기관에서 감청을 통해서 대화 내용을 엿들어도 암호화된 문서만 얻을 수 있을 뿐이다. 또 수사기관이 서버에서 정보를 찾아도 역시 암호키가 없는 암호 문서뿐이기에 내용을 확인할 수는 없다. 게다가 대화를 새롭게 할 때마다 암호키를 새로 만들기 때문에 해커가 혹시 한 대화에 대한 암호키를 훔치더라도 다른 대화 내용은 볼 수가 없다.

현재 카카오톡이나 텔레그램의 암호화 기술은 비슷

메신저나 이메일처럼 네트워크를 통해 정보를 주고받을 때 많은 프로그램은 정보를 암호화해서 처리한다. 이때 암호를 풀어 대화나 정보를 볼 수 있도록 하는 열쇠를 암호키라고 한다. 메신저의 경우 메시지를 암호화할 때 메시지를 보낸 사람과 받는 사람에게만 암호키를 제공해, 다른 사람이 보지 못하게 한다. 제3자가 중간에 정보를 해킹해도 암호키가 없으면 내용을 알 수 없도록 하는 방식이다.

카카오톡과 텔레그램은 일반 대화로 주고받는 내용도 암호화해서 처리한다. 하지만 비밀대화와 달리 서버에 대화 내용과 함께 암호키를 함께 저장하는 방식이다. 암호키를 서버에 저장하지 않은 비밀대화와 달리 정부에서 자료를 요청하거나 제3자가 서버를 해킹하면 내용이 노출될 위험성을 안고 있다.

특히 텔레그램은 모든 대화 내용을 클라우드 서버에 저장한다. 사용자가 삭제를 요청하면 삭제되지만 그렇지 않으면 계속 보관한다. 따라서 서버가 해킹될 경우 일반 대화는 오히려 텔레그램이 더 위험할 수 있다. 또 특정 대화방에 출입한 기록도 서버에 모두 남는다. 대화 내용은 확인할 수 없어도, 특정 대화방 출입 여부에 대한 정보가 담겨 있는 서버를 확보한다면 이용자를 모두 알 수 있는 셈이다.

그런데 카카오톡도 2014년 텔레그램 망명 사건 이후에 텔레그램과 비슷한 비밀대화 기능을 추가했다. 김승주 고려대 정보보호대학원 교수는 "현재는 카카오톡도 텔레그램과 보안 수준은 비슷하다"며 "보안과 같은 기술적인 측면보다는 텔레그램이 가진 역사적 배경이 텔레그램을 선호하게 만든 것 같다"고 설명했다. 또 그는 "보안 메신저라고 해도 취약한 부분이 존재한다"며 "아이폰도 미국연방수사국(FBI)이 풀지 못한 걸 이스라엘 정보보안업체인 셀레브라이트가 풀었다"고 덧붙였다.

지난 3월에 경찰은 인터폴과 미국연방수사국(FBI), 국토안보수사국(HSI) 등과 협력해 텔레그램 본사를 확인하고 있다면서 텔레그램 본사를 찾으면 외교적인 방법을 총동원해 협조를 구할 예정이라고 발표했다. 하지만 현실은 쉽지 않아 보인다. 현재 텔레그램의 본사 소재지와 서버가 있는 곳을 정확하게 확인하지 못하는 것으로 나타나고 있다. 위치가 확인돼도 정보를 얻지는 못할 것으로 예상된다. 지금까지 텔레그램은 각나라의 수사기관에서 요청한 정보를 제공한 사례가 없기 때문이다.

디지털포렌식으로 컴퓨터나 스마트폰에서 데이터 추출해

디지털포렌식을 이용하면 컴퓨터 하드디스크에서 삭제된 데이터도 추출할 수 있다.

그런데 수사당국은 최근까지도 새로운 디지털 성범죄자를 계속 찾아내 검거하고 있다. 수사당국은 텔레그램 협조 없이 어떻게 범죄자를 찾아내는 것일까? 비결은 디지털포렌식이다.

디지털포렌식(digital forensic)은 컴퓨터나 스마트폰 같은 디지털 기기에 들어 있는 데이터를 수집하고 추출해서, 이를 토대로 범죄 증거와 단서를 찾는 과학수사 기법이다. 보통 범죄자들은 데이터를 저장한 컴퓨터 하드디스크를 포맷하고 스마트폰도 초기화하며, 단서가 될 만한 데이터를 모두 지워 버린다. 그런데 이렇게 삭제한 데이터까지도 디지털복원 기술을 활용해 찾아내는 방법이 디지털포렌식이다.

경찰은 박사방을 운영한 조주빈을 검거할 때 그의 스마트폰 2대와 노트북, 컴퓨터 등도 압수했다. 스마트폰 1대는 삼성 갤럭시 S9이고, 다른 1대는 아이폰 X 였다. 조주빈은 텔레그램과 암호화폐, 아이폰처럼 상

'브루트 포스법(brute force method)'은 비밀번호에 모든 경우의 수를 대입하는 방법이다. 셀레브라이트의 디지털포렌식 장비는 이 방법으로 아이폰의 잠금장치를 푼다.

대적으로 보안이 뛰어난 디지털 기술을 이용했다. 아이폰은 비밀번호를 10번 틀리면 데이터가 완전히 사라진다.

경찰은 조주빈이 사용한 스마트폰 2대의 잠금장치를 풀어 수사에 이용하려 하고 있다. 이 중 갤럭시 S9은 검거한 지 두 달이 지난 5월에 잠금장치를 푸는 데 성공해 해독에 나서고 있다. 반면 아이폰 X 는 6월 중순까지도 잠금장치를 풀지 못해 내용을 확인하지 못하고 있다. 이에 경찰은 셀레브라이트의 디지털포렌식 장비까지 동원해 잠금장치를 풀려고 노력하고 있는 것으로 확인됐다.

셀레브라이트의 디지털포렌식 장비는 아이폰이 인증하는 메커니즘을 거꾸로 이용해 데이터 삭제 기능을 멈추고, 비밀번호에 모든 경우의 수를 대입하는 '브루트 포스법(brute force method)'을 활용한다. 셀레브라이트는 이 장비를 각 나라의 정부기관에만 판매하고 있다. 개인이나 기업에 팔 경우 범죄에 악용될 수 있기 때문이다.

n번방 사건이 크게 알려지자 인터넷에서는 스마트폰에서 사용 기록을 삭제하는 방법이 떠돌아다녔다. 하지만 삭제해도 스마트폰을 압수해 디지털포렌식으로 복원하면 삭제 기록도 찾을 수 있다는 것이 전문가들의 의견이다. 김형중 고려대 정보보호대학원 교수(암호화폐연구센터장)는 "스마트폰에서 사용 기록을 지워도 복원할 수 있고, 특히 서버에는

출입 기록이 그대로 남는다"고 말했다.

이미징 작업으로 데이터 무결성 확보

디지털포렌식으로 어떻게 범죄 단서와 증거를 찾아내는 것일까. 디지털포렌식은 크게 증거 확보와 증거 분석, 증거 문서화라는 세 단계를 거쳐 이뤄진다.

첫째, 증거 확보 단계에서는 손상되기 쉬운 디지털 기기에서 증거를 확보해야 한다. 이때 중요한 것은 컴퓨터 하드디스크나 USB, 스마트폰 등에서 데이터를 얻을 때 동일성과 무결성 보장이 필수다. 동일성 보장은 원본과 똑같음을 보장하는 것이고, 무결성 보장은 데이터를 확보할 때 디지털 기기에 들어 있던 데이터에서 달라지지 않았음을 보장하는 것이다. 데이터 확보 과정에서 데이터가 바뀌거나 손상이 일어나면 증거로 활용할 수 없기 때문이다.

이를 위해서 수사기관은 디지털 기기를 압수하면 가장 먼저 디지털 기기의 저장장치에 대한 이미징 작업을 수행한다. 이미징은 저장장치에 있는 모든 물리적 데이터를 파일 형태로 만드는 작업이다. 쉽게 말해 원본과 똑같은 데이터를 만드는 작업이다.

이렇게 하면 원본은 건드리지 않고, 원본과 똑같은 파일인 이미징 파일을 이용해 데이터 추출 작업을 수행할 수 있다. 혹시라도 작업 도중에 실수가 발생해도 원본은 그대로 존재하기 때문에 여러 개 만들어 둔 이미지 파일만 바꿔가며 작업하면 된다.

경찰이 조주빈의 스마트폰의 잠금장치를 푸는 방법도 이 같은 방식으로 진행했다. 잠금장치를 푼 뒤에도 이미징 작업을 해서 다시금 잠금장치를 푼 원본을 보관하고, 여러 개로 복사한 이미징 파일을 이용해 데이터 추출 작업을 진행한다.

필요한 데이터만 복사하는 방법도 있을 텐데, 왜 이미징 작업까지 하는 것일까. 데이터 복사 방법은 확률은 낮지만 원본 데이터에 손상이 발생할 수 있고 데이터 복구가 불가능할 수 있는 위험성이 있기 때문이다. 이런 이유로 복사 방법은 디지털포렌식에는 쓰지 않는다. 또 복제하는 방법도 있는데, 복제하면 용량이 원본보다 커진다. 반면 이미징 방법은 압축을 하기 때문에 원본보다 용량이 준다. 이런 이유로 현재는 이미징 방식이 대세다.

그런데 이미징 방식도 소프트웨어 방식과 하드웨어 방식으로 나뉜다. 무결성을 보장하기 위해서 원본을 읽기 전용으로 연결하거나 쓰기 방지 장치를 사용한다. 현재 성능이나 안전성을 이유로 하드웨어 방식이 권장된다. 이미징 작업을 하는 데는 특수하게 제작한 첨단 하드웨어 장비를 사용하는데, 고가이기 때문에 개인은 쉽게 이용하기 어렵다.

삭제된 데이터를 복원하고 접속 기록도 확보해야

두 번째, 증거 분석 단계에서는 확보한 디지털 데이터에서 가치 있는 정보를 찾아낸다. 보통 잠금해제를 하고, 또 잠금해제를 한 스마트폰이나 하드디스크에서 삭제된 데이터를 복원하는 기술을 활용한다. 기술적으로 가장 중요한 단계로, 이 단계에 가장 수준 높은 기술이 쓰인다. 셀레브라이트 장비도 이때 이용한다. 이 단계에 쓰이는 장비 역시 전문 장비로 고가여서 개인이나 작은 규모의 회사에서는 도입하기 쉽지 않다. 셀레브라이트처럼 정부에만 파는 기업도 있다. 경찰서에서도 디지털포렌식 전담부서를 갖춘 일부에서만 활용한다.

컴퓨터나 스마트폰 같은 디지털 기기는 데이터를 관리할 때 파일시스템을 이용한다. 이때 편리하게 관리하고자 실제 파일 내용과 이를 연결하는 메타정보를 나눠서 관리한다. 사용자가 파일을 삭제하면 실제 파일을 삭제하지 않고, 메타정보에 해당 파일이 삭제됐다고 기록한다. 그리고 해당 공간을 비어 있는 공간으로 처리한다. 따라서 새로운 파일을 쓰기 전까지는 실질적으로는 다르지 않은 상태가 된다. 즉 메타정보만 바꾸면 삭제된 파일을 그대로 복구할 수 있다는 뜻이다. 보통 소프트웨어를 이용해 복구하는 프로그램들도 이와 같은 메타정보를 이용해 복구하는 방식이다.

만일 메타정보가 삭제되거나 파일시스템이 포맷되면 메타정보 수정 방식으로는 복구할 수 없다. 하지만 이 경우에도 삭제한 파일이 있던 곳에 다른 파일을 저장하지 않았다면 복구할 수 있을 가능성이 있다. 파일 카빙은 이런 특성을 이용해 하드디스크 같은 저장장치에서 데이터가 비어 있다고 돼 있는 영역을 검색해 자주 사용하는 파일 형태와 비교해 저장된 파일을 복구한다. 이 방법은 메타정보에 의존하지 않아, 파일시스템이 손상됐을 때도 복구할 수 있다.

윈도10과 같은 운영체제를 이용하는 컴퓨터는 USB 같은 외부저장매체가 접속할 때마다 접속 내용을 기록한다. 컴퓨터에 USB 접속 기록이 남는 셈이다

또 윈도10과 같은 윈도 운영체제를 사용하는 컴퓨터는 USB 등의 외부저장매체가 접속할 때마다 접속 내용을 기록한다. 장치 이름과 설명, 고유번호, 처음 연결시간, 마지막 연결시간 같은 정보를 기록한다. 컴퓨터에서 USB 접속 기록을 확보할 수 있는 셈이다.

이 단계에서는 기술적으로 데이터를 복구해 숨겨진 증거를 찾는 과정도 있지만 찾은 데이터에서 연관성을 분석해내는 작업도 중요하게 이뤄진다. 확보한 정보를 시간 흐름에 따라 정리하면 사용자의 행동을 재구성할 수 있기 때문이다.

마지막으로 증거 생성을 하는 세 번째 단계는 앞의 첫 번째 단계와 두 번째 단계를 거쳐 취합된 증거들을 보고서 형태로 만드는 과정이다. 이 보고서에는 데이터를 수집하고 추출하기부터 모은 데이터를 조사하고 분석하기까지 모든 과정을 담는다.

보고서를 작성할 때 고려해야 할 사항이 있다. 바로 보고서를 읽게 되는 법관과 검사, 그리고 변호사와 배심원 중에는 디지털 기술에 대한 기본 지식이 부족한 경우가 많다. 따라서 누가 읽더라도 이해할 수 있도록 쉽게 작성해야 한다는 점이다. 예상하지 못한 사고로 데이터를 잃거나 변경될 경우에도 이에 대한 이유를 명확하게 적는다. 이때도 범죄 혐의 입증에 무리가 없음을 논리적으로 설득할 수 있어야 한다.

디지털포렌식을 전문으로 제공하는 한 기업 담당자는 "앞에 두 단계는 기술로 해결할 수 있다"며 "반면 세 번째 단계는 확보하고 분석한 증거를 사람이 논리적이고 감성적으로 정리해야 해 가장 어렵다"고 설명했다.

물리적으로 손상된 데이터는 복원 한계

디지털포렌식이라고 해서 만능은 아니다. 한계가 존재한다. 2019년 조재범 전 쇼트트랙 국가대표 코치의 스마트폰에서 삭제한 텔레그램 대화를 복원했다는 내용이 보도된 적이 있다. 하지만 실제는 삭제한 데이터를 복원한 것은 아니고, 삭제하지 않았던 대화를 추출한 것으로 확인됐다. 한 보안 전문가는 "텔레그램의 일반 대화방은 대화 내용을 삭제하지 않고 자동 로그인을 사용하면 누구나 볼 수 있다"며 "대부분 이렇게 사용하는데, 텔레그램은 데이터가 클라우드에 계속 남아 있어 확인할 수 있다"고 설명했다.

사실 디지털포렌식은 기술적으로 가능한 한계 내에서 최대한 데이터를 복원해내는 기술이다. 물리적으로 손상시킨 하드디스크처럼 디지털 데이터를 복원하기 어려운 대상은 디지털포렌식을 이용해도 추적하기 쉽지 않다.

범죄자가 디지털 기술로 저지른 나쁜 짓을 디지털포렌식을 이용해 추적한다는 점은 긍정적으로 바라볼 수 있다. 하지만 디지털포렌식은 디지털 기기를 사용하는 모든 이용자의 데이터를 언제든 추적대상으로 삼을 수 있다. 특히 범죄자나 정부, 특정 기관이 개인을 대상으로 디지털포렌식 기술을 악용할 경우 사회적으로 큰 문제가 발생할 수 있다.

지난 1월 배우 주진모 씨 등 일부 연예인들의 휴대전화가 해킹돼 협박당하는 피해 사건이 발생해 경찰에 수사에 착수했다. 주 씨를 비롯

사실 디지털포렌식 기술을 악용하면 해킹이 가능하다. 예를 들어 랩톱(노트북 컴퓨터)이나 스마트폰을 해킹해서 카드 정보를 빼내거나 돈을 훔칠 수도 있다.

한 유명 배우와 아이돌 가수, 셰프 등이 스마트폰에 담긴 사진과 동영상, 문자메시지 내용 등을 해킹당했고, 해커가 이를 유포하겠다며 돈을 요구한 것으로 알려졌다.

이 사건은 해킹 사건으로 디지털포렌식 기술을 악용한 것은 아니다. 하지만 개인이 스마트폰을 분실했을 때 이와 비슷한 사건으로 발전할 가능성이 있다는 점을 고려해야 한다.

최근 스마트폰으로 인터넷뱅킹 같은 금전 거래를 비롯한 많은 일을 처리하면서 활용도가 커짐에 따라 핵심 데이터를 스마트폰에 저장하는 사례가 늘고 있다. 이는 곧 스마트폰을 분실했을 때 개인의 핵심 정보가 노출될 수 있다는 것을 의미한다.

또한 데이터를 복원해주는 전문업체만큼 뛰어나지는 않지만 웬만한 수준에서 데이터를 복원해주는 소프트웨어를 쉽게 구할 수 있다. 범죄자들이 언제든 개인 스마트폰의 데이터를 복원해 악용할 수 있다는 얘기다.

따라서 일반 이용자들은 스마트폰 분실이나 해킹을 대비해 항상 잠금장치나 비밀번호를 적용해서 악용 가능성을 최대한 줄여야 한다. 또 집에 두고 다니는 컴퓨터와 달리 외부에 들고 다니는 스마트폰은 그만큼 분실 가능성도 높다는 점을 감안해 중요 데이터 보관을 최소화하는 것이 바람직하다.

암호화폐 추적하는 방법

한편 n번방 범죄자들은 불법 동영상을 사고팔 때 암호화폐를 이용했다. 지난 3월 수사당국이 밝힌 내용에 따르면 조주빈이 거래에 이용한 암호화폐는 모네로와 이더리움, 비트코인 3가지로 알려졌다. 한 언론사는 조주빈의 이더리움 암호화폐 지갑에서 32억 원에 이르는 자금이 포착됐다고 밝히기도 했다.

암호화폐는 모든 거래 내역을 기록해 변경도 삭제도 불가능하므로, 거래 참여자들이 서로 신뢰할 수 있다. 또 온라인에서 모든 거래를 진행해 전 세계 어디에서든 손쉽게 진행할 수 있다. 비트코인이나 이더리움처럼 사용자가 많은 암호화폐는 현금과 같은 가치 저장 특성도 갖추고 있다. 무엇보다 암호화폐는 수사당국이 범죄자를 추적하기가 쉽지 않아, 범죄자들이 선호하는 거래 수단이다. 비트코인과 같은 암호화폐는 거래자가 누구인지 알 수 없도록 하는 익명성을 보장한다.

예를 들어 비트코인을 블록체인 기술을 이용해 거래하면 비트코인을 파는 사람과 사는 사람 주소와 시간, 금액 등이 블록체인에 기록된다. 이 정보는 누구나 접근해서 파악할 수 있지만, 이 정보가 누구의 것인지는 알 수 없다. 이런 이유에서 암호화폐는 사용자가 누구인지 추적하기가 쉽지 않다. 이처럼 암호화폐를 이용하면 추적하기 어렵기 때문에 n번방 범죄자들처럼 수많은 범죄자들이 암호화폐를 범죄에 악용하고 있다.

하지만 암호화폐도 추적할 수 있는 방법이 있다. 우선 국내 주요 암호화폐거래소는 고객신원인증(KYC) 절차를 거치도록 하고 있다. 암호화폐거래소가 협조하면 거래한 사람이 누구인지 바로 알아낼 수 있다는 얘기다. 물론 이들이 거래소를 이용해서 거래를 진행했을 때 가능하다. 만일 거래소를 거치지 않고 개인적으로 거래하면 거래소를 통한 추적이 어렵다.

실제로 n번방 유료 대화방 회원들 대다수가 암호화폐 A 구매대행 업체와 B 거래소 등을 통해 암호화폐를 구입한 것으로 드러났다. 암호화폐 구매자 개인정보를 비롯해 암호화폐 구매와 전송 등 거래 내역을 확인하면 상당수의 범죄자들을 알아낼 수 있는 셈이다.

암호화폐 '믹싱'에 맞서는 기법, '더스팅'과 '클러스터링'

또 조주빈 일당은 암호화폐를 수천 번 쪼개고 합치는 '믹싱 앤 텀블러(믹싱)' 방법으로 수사당국의 추적을 피하려 했다. 암호화폐 지갑은 누구든지 개수 제한 없이 많이 만들 수 있어 이를 악용하는 방법이다. 범죄자들이 지갑을 수십 개 만든 다음, 암호화폐를 수없이 옮기면 추적을 어렵게 할 수 있다. 과거에는 수작업으로 했다면 지금은 전문프로그램을 이용해 이 방법을 활용한다. 조주빈 일당은 핀란드 소재의 암호화폐 장외거래소인 로컬비트코인을 이용해, 암호화폐를 다른 지갑으로 보내며 수천 번의 믹싱을 거치게 했다.

하지만 이 방법도 지금은 손쉽게 추적할 수 있다. 범죄자들이 추적을 피하려고 애쓰듯, 보안업체와 데이터 분석 기업에서는 추적 기술을 개발하고 있다. 대표적인 암호화폐 추적기술은 '더스팅'이다. 먼지만큼

이번 n번방 범죄자들은 불법 동영상을 사고팔 때 비트코인 같은 암호화폐를 이용했다. 암호화폐를 수천 번 쪼개고 합치는 '믹싱'으로 추적을 피하려 했지만, 수사당국은 더스팅이나 클러스터링 기법으로 이를 추적하고 있다.

소량의 암호화폐(더스트)를 범죄에 이용된 지갑에 보낸 뒤 그 흐름을 파헤치는 방법이다. 암호화폐가 이동한 경로를 직접 확인할 수 있어 정확도가 높다. 하지만 조주빈 일당처럼 범죄에 이용한 지갑이 많거나 거래 내역이 복잡하게 얽히면 확인하는 데 시간이 많이 걸리고 어려워진다.

이를 보완한 방법이 클러스터링 기법이다. 빅데이터와 인공지능(AI)을 결합한 방법이다. 조주빈 일당의 자금을 추적할 때 의심스러운 지갑을 찾아낸 뒤, 무수하게 많은 거래 내역에서 AI가 특정 거래 내역 패턴을 찾아낸다. 거래 내역을 토대로 실제 소유주가 동일할 것으로 예상되는 지갑들을 묶는 방법이다. 이렇게 하면 더 빠르고 정확하게 범죄자들의 거래 내역을 추적할 수 있다. 이 방법은 국내외에 유명한 암호화폐 분석 기업에서 실제로 이용하고 있다.

김형중 교수는 "암호화폐에서 돈을 쪼개 여러 계좌를 거치도록 하며, 추적을 어렵게 하는 방법을 믹싱이라고 한다"며 "조주빈 등이 사용한 믹싱은 매우 초보적인 수준이어서 추적할 수 있을 것"이라고 밝혔다. 김 교수는 "n번방이 활동한 기간과 거래 금액을 중심으로 암호화폐 거래 내역을 그룹화할 수 있다"고 설명했다. 조주빈 일당이 방 입장료로 20만 원, 70만 원, 150만 원처럼 정해진 금액을 받았는데, 이 금액을 당시 암호화폐로 변환해서 해당 금액과 비슷한 거래 내역을 모두 조사하면 관련 범죄 거래 내역을 추적할 수 있다는 설명이다. 김 교수는 "국내 암호화폐 거래소에 기록된 거래 내역을 활용하면 조주빈의 지갑으로 돈을 보낸 이용자도 어렵지 않게 확인할 수 있다"고 말했다.

익명성 보장된 암호화폐 모네로도 추적 가능

그런데 조주빈 일당은 모네로라는 암호화폐도 이용했다. 모네로는 철저하게 익명성을 보장하기 위해 만들어져 거래 내역이 공개되지 않는다. 또 누가, 언제, 얼마를, 누구에게 보냈는지 같은 정보가 남지 않아 거래한 사람을 알아내기 어렵다.

비트코인은 돈을 보낼 때 보내는 사람의 주소와 받는 사람의 주소가 일대일로 대응하며 거래가 처리된다. 하지만 모네로는 거래를 처리할 때 무작위로 다수의 주소를 추가한다. 실제는 일대일 거래인데도, 그룹 대 그룹 형태로 거래를 처리해 자금 흐름을 추적하기 어렵게 만들고, 실제 거래한 사람도 확인하기 어렵게 만든다.

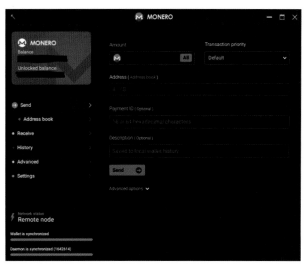

모네로의 거래 화면. 모네로는 이번 n번방 범죄자들이 사용한 암호화폐 중 하나다.

김형중 교수는 "모네로는 참여자가 적어 무작위로 생성할 주소가 부족할 땐 이전 거래에 사용했던 주소를 가지고 오는 방식"이라며 "이전 거래와 비교해 실제 거래에 참여한 주소를 특정할 수 있다"고 말했다. 모네로라도 쉽지는 않지만 추적할 수 있는 방법이 있다는 설명이다.

업계 관계자들은 구매자들이 암호화폐를 구입할 때 국내 거래소나 구매대행업체를 이용했을 가능성이 높기 때문에 구매자들을 알아낼 수 있을 것으로 보고 있다. 한 거래소 관계자는 "모네로를 이용한 익명성은 개인 지갑끼리 거래할 때만 유효하다"며 "거래소를 이용하면 모네로가 가진 익명성과 관계없이 암호화폐를 구매한 기록과 송금 내역이 모두 거래소에 기록돼 구매자를 찾아낼 수 있다"고 말했다.

n번방 범죄자들은 최첨단 디지털 기술을 이용해 수사당국의 조사를 피하려고 했다. 하지만 첨단 기술을 악용하는 범죄자들을 잡기 위해서 보안업체와 데이터 분석 기업도 이들을 추적할 수 있는 기술을 발전시키고 있다.

디지털 기술은 생활에 편리함을 제공하며 사람들이 편하게 사는 데 도움을 주고 있다. 하지만 악용될 경우 그 피해는 아날로그 시대와 비교할 수 없을 정도로 커질 수 있다. 특히 갈수록 스마트폰에 중요한 데이터가 많이 쌓이고 있다. 분실하거나 해킹될 경우 치명적일 수 있다는 점을 고려해 이에 대한 주의가 무엇보다 필요한 시점이다.

요즘 스마트폰에는 개인의 다양한 정보들이 많이 담겨 있다. 비밀번호를 수시로 바꿔 잠금장치를 잘 유지하는 것에 못지않게 소중한 정보를 잘 관리하는 것도 중요하다.

전자담배 유해성

김범용

성균관대에서 철학과 경제학을 전공한 뒤 서울대 철학과 대학원에서 '경제학에서의 과학적 실재론: 매키의 국소적 실재론과 설명의 역설'로 석사학위를 받았다. 현재는 서울대 과학사 및 과학철학 협동과정에서 박사과정을 다니고 있다. 전공 분야는 과학철학이며 경제학과 철학에 관심이 있다. 지은 책으로 『과학이슈11 시리즈(공저)』 등이 있다.

전자담배는 일반 담배보다 덜 유해한가?

요즘 전 세계적으로 전자담배가 인기를 끌고 있다. 과연 전자담배는 일반 담배보다 덜 유해할까.

2003년 전자담배가 출시된 지 17년이나 지난 현재까지도, 전자담배의 유해성에 관한 논쟁은 여전히 진행 중이다. 2019년 8월부터 미국에서 액상형 전자담배로 인한 폐질환 사례들이 보고된 이후, 2020년 1월 2일 미국 정부는 가향(flavored) 액상 전자담배 가운데 담배향이나 박하향을 제외한 나머지 제품의 판매를 금지하기로 했다. 미국은 여러 주에서 관련 법안이 의회를 통과하면서 전자담배에 대한 규제 조치가 시행되고 있다.

그러나 모든 나라에서 안전성의 문제로 전자담배를 규제하는 것은 아니다. 영국에서는 흡연자에게 전자담배 사용을 권장하는 캠페인이 진행되고 있다. 영국 공중보건국은 전자담배가 일반 담배보다 유해물질이 더 적은 대체품이자 '금연의 징검다리'라는 입장을 취하고 있다.

전자담배의 유해성에 관한 세계 주요 보건당국의 견해

- 세계보건기구(WHO)
  - 전자담배의 금연효과와 안전성에 대한 근거가 불충분함
  - 다국적 담배회사의 전자담배 안전성 및 금연효과 홍보 활동에 우려를 표명

- 미국 질병관리본부(CDC)
  - 흡연자가 일반 담배에서 전자담배로 바꾸는 것이 건강에 도움이 될 가능성이 있음
  - 전자담배가 건강에 미치는 장기적인 영향과 금연 효과에 대해 추가 연구가 필요함

- 미국심장협회(AHA)
  - 전자담배의 장기적 영향이 알려지지 않았으므로, 더 강력한 규제가 필요함
  - 전자담배를 포함한 포괄적인 금연이 필요함

- 미국암협회(ACS)
  - 금연을 시도할 때 FDA에서 승인받은 약물을 우선적으로 사용할 것
  - 금연 자체나 약물치료에 부정적인 경우 전자담배로 바꾸는 것을 고려할 수 있음

- 미국 국립과학기술의학학술원(NASEM)
  - 전자담배의 독성 및 단기 건강영향에 대한 연구 결과는 전자담배가 기존 일반 담배보다 덜 해롭다는 것을 보여줌
  - 장기적인 영향은 알 수 없으며, 이를 확인하기 위한 연구가 시급함

- 영국 국립보건임상연구소(NICE)
  - 전자담배를 기존 금연약물 및 인지행동과 함께 사용하면 단기 금연에 도움이 됨
  - 금연 목적으로 전자담배 처방을 허가함

영국 공중보건국 건강증진국장 존 뉴턴은 "영국에 전자담배 이용자가 수백만 명이지만 부작용 사례는 매우 드물다"며 "미국에서 일어난 사망 사고는 원인과 증거가 아직 확실하지 않기 때문에 영국 국민에게 경고 등의 조치를 내리지 않았다"고 밝혔다.

이렇듯 전자담배의 유해성에 관해 세계 주요 보건당국의 의견은

엇갈리고 있다. 전자담배 유해성에 관련된 연구도 국내외에서 진행되고 있지만, 가까운 시일 내에 논쟁이 끝나지 않을 것으로 보인다.

전자담배란?

전자담배 유해성 논쟁을 살펴보기 전에 우선 담배가 어떻게 분류되는지 알아볼 필요가 있다. 법률에서 말하는 '담배'는 일반 담배, 전자담배, 파이프담배, 물담배 등을 통칭하는 용어이다. 우리가 흔히 담배라고 부르는 것은 '궐련'이라고 한다. '전자담배'는 전자장치를 이용해 흡연 효과를 내는 상품을 모두 포함한다. 전자담배는 크게 액상형 전자담배와 궐련형 전자담배로 구분된다.

전자담배 유해성에 관한 논쟁에서 유의해야 할 점은 액상형 전자담배와 궐련형 전자담배의 유해성이 다른 범주에서 논의된다는 것이다. 언론에서 두 제품군과 관련된 내용을 혼동하여 보도하는 경우가 있으나, 이 둘은 작동 원리가 다르며 배출하는 위험물질도 다르므로 별개의 제품군으로 간주해야 한다는 것이 의학계의 의견이다.

액상형 전자담배와 용기.
니코틴 함유 용액을 가열해
기화시켜 에어로졸을
흡입한다.

액상형 전자담배는 배터리와 분무기(atomizer)로 니코틴 함유 용액 (E-liquid)을 가열해 기화시켜 에어로졸을 흡입할 수 있도록 하는 장치다. 이와 달리 궐련형 전자담배는 배터리로 가열 칼날(heating blade)의 온도를 순간적으로 350℃까지 높인 다음, 고체형 전용 스틱에 열을 가해 발생한 증기를 흡입할 수 있도록 한다. 스틱 한 개에는 피부보습제나 식품첨가제 성분으로 쓰이는 휴맥탄츠글리세롤(humectants glycerol)과 단맛이 나는 유기화합물인 프로필렌글리콜(propylene glycol)이 포함된다.

대한금연학회는 전자기기를 이용한 가열 담배제품을 액상형 전자담배와 같은 전자담배로 취급한다는 점에 우려를 표명한 바 있다. 정부에서 '궐련형 전자담배'라는 용어를 붙인 것은 일반인들에게 전자담배에 관한 잘못된 인식을 심어줄 수 있다는 점에서 문제가 있다는 지적이다. 액상형 전자담배는 니코틴 액체를 사용하지만, 궐련형 전자담배는 담뱃잎을 직접 사용한다는 점에서 둘은 전혀 다른 제품군에 속한다는 것이 대한금연학회의 견해이다.

구분	궐련	액상형 전자담배	궐련형 전자담배
흡입 방식	직접 연소를 통해 배출물을 흡입	니코틴을 함유하거나 특정한 향이 있는 액체를 가열해 배출물을 흡입	전자기기를 통해 전용 스틱을 고열로 가열해 배출물을 흡입
가열 온도	650~850℃	250~350℃	250~350℃

액상형 전자담배는 2003년 중국에서 처음 출시됐다. 2006년부터는 전 세계로 유통되기 시작했으며, 2007년부터 한국에서 시판됐다. 2018년에는 전 세계적으로 130억 달러어치가 팔린 것으로 추정된다. 가장 큰 시장은 미국이고, 그 뒤를 이어 서유럽, 동유럽, 아시아-태평양 지역 순으로 시장이 형성돼 있다. 초창기 액상형 전자담배는 일반 담배 모양의 기계에 니코틴 용액이 든 카트리지와 이를 가열하는 배터리가 장착된 형태였으나, 최근에는 USB 스틱과 유사한 형태의 기계와 니코틴 용액의 용량을 늘린 탱크 형태의 기계가 판매되고 있다.

궐련형 전자담배와 충전기. 고체형 전용 스틱에 짧은 담배를 넣고 가열해 발생한 증기를 흡입한다. ⓒ PMI

궐련형 전자담배는 안전한 담배를 찾는 흡연자들의 수요와 더불어, 액상형 전자담배가 기존의 궐련에 비해 만족도가 낮다는 점에 착안하여 개발됐다. 2014년 일본에서 처음 판매됐으며, 한국에서는 2017년부터 시판되기 시작했다.

담배의 법적 정의

담배는 연초(煙草)의 잎을 원료의 전부 또는 일부로 하여 피우거나 빨거나 증기로 흡입하거나 씹거나 냄새 맡기에 적합한 상태로 제조한 것을 말한다. 궐련은 잎담배에 향료 등을 첨가해 일정한 폭으로 썬 뒤 궐련제조기를 이용해 궐련지로 말아서 피우기 쉽게 만들어진 담배 및 이와 유사한 형태의 것으로서 흡연용으로 사용될 수 있는 것이다. 전자담배는 니코틴이 포함된 용액 및 연초고형물을 전자장치를 이용해 호흡기를 통하여 체내에 흡입함으로써 흡연과 같은 효과를 낼 수 있도록 만든 담배를 뜻한다.
「국민건강증진법」에서는 담배를 궐련(일반담배), 전자담배, 파이프담배, 엽궐련, 각련(칼로 썬 담배), 씹는 담배, 냄새 맡는 담배, 물담배, 머금는 담배, 이렇게 9종으로 분류한다. 액상형 전자담배와 궐련형 전자담배는 모두 전자담배에 포함된다.

폐질환 원인 물질로 지목된 '비타민E 아세테이트'

2019년 12월까지 미국에서 액상형 전자담배로 인한 폐질환 환자로 추정되거나 확정된 사람은 2560여 명이고 그중 55명이 사망한 것으로 보고됐다. 모든 환자는 미국의 특정 지역이 아니라 50개 주 전체에서 발생했다. 해당 질환의 주요 증상은 기침, 호흡곤란, 가슴 통증 같은 호흡기 증상과 발열, 피로감, 체중 감소 같은 전신 증상 또는 오심, 구토, 설사 같은 소화기계 증상이 동반되는 것이다.

피해 사례가 점차 증가하면서 미국 질병통제예방센터(CDC)에서는 폐질환 원인 물질을 규명하기 위한 분석을 시작했다. 2019년 8월부터 10월까지 수집한 정보를 통해 환자 중 약 86%가 증상 발생 3개월 전에 액상에 대마 성분인 테트라하이드로카나비놀(THC)이 포함된 액상형 전자담배 제품을 사용한 것으로 확인됐다. 이에 따라 미국 질병통

미국 질병통제예방센터(CDC)에서 액상형 전자담배 제품들을 분석한 뒤 폐질환의 주요 원인 물질로 '비타민E 아세테이트'를 지목했다.
© CDC

제예방센터와 식품의약국(FDA)은 THC가 포함된 액상 제품들을 분석했고, 그 결과 대마 액상 첨가물로 쓰인 '비타민E 아세테이트(vitamin E acetate)'를 폐질환의 주요 원인 물질로 지목했다.

비타민E 아세테이트는 영양제나 화장품에도 흔하게 사용되는 물질인데, 입으로 섭취하거나 피부에 도포하는 경우에는 해롭지 않은 것으로 알려져 있다. 그러나 비타민E 아세테이트를 기체 상태로 흡입하는 경우 폐손상을 유발할 수도 있는 것으로 보고됐다. 비타민E 아세테이트의 폐손상 메커니즘은 정확하게 알려지지 않았으나, 지금까지 제시된 가설은 크게 두 가지로 정리된다. 첫 번째 가설은 상당량의 비타민E 아세테이트가 폐에 흡입될 경우 폐의 계면활성제(lung surfactant)를 쉽게 통과해 폐계면활성제를 겔(gel) 형태에서 액체로 변화하게 한다는 것이다. 계면활성제가 액체로 변하면 장력도 달라져서 결국 폐의 기능을 잃게 만들어 호흡부전에 이르게 할 수 있다는 주장이다. 두 번째 가설은 가열된 비타민E 아세테이트는 케텐(ketene)이라는 기체물질을 만들어낼 수 있

미국에서 액상형 전자담배를 사용하다 폐질환에 걸린 환자 중 상당수가 액상에 대마 성분인 테트라하이드로카나비놀(THC)이 포함된 제품을 사용한 것으로 확인됐다. 사진은 액상형 전자담배와 대마 가루.

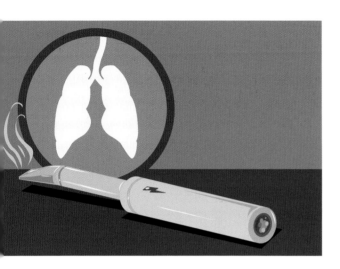

THC가 포함된 액상형
전자담배를 이용하다 비타민E
아세테이트를 흡입하는 경우
폐손상을 유발할 수도 있는
것으로 보고되고 있다.

다는 가설이다. 케텐은 반응성 화합물로 농도에 따라 폐 자극물질(lung irritant)이 될 수 있는데, 이것이 폐의 기능을 잃게 만든다는 뜻이다.

2019년 10월 FDA는 소비자들에게 THC가 포함된 액상형 전자담배의 사용을 중단할 것, 전자담배를 변형하거나 기존 액상에 THC와 같은 물질을 첨가하지 말 것, 그리고 암시장에서 유통되는 전자담배 내용물을 구입하지 말 것을 경고했다. 불법으로 생산되어 유통된 THC 제품이 특히 문제가 되기 때문에 FDA는 불법 제품 제조 및 유통망을 근절하기 위한 수사도 병행하고 있다.

액상형 전자담배가 일반 담배보다 혈관 건강에 덜 유해?

그런데 일반 담배를 피우던 사람들이 액상형 전자담배로 바꾸면 1개월 안에 혈관 기능이 개선된다는 연구 결과도 있다. 2019년 11월 영국 던디대학교(University of Dundee)의 제이콥 조지 교수 연구진은 일반 담배에서 액상형 전자담배로 전환하면 혈관 건강에 긍정적인 영향을 미쳐 심장마비와 뇌졸중 위험을 잠재적으로 줄일 수 있다는 연구 결과를 《미국심장학회지 (JAHA)》에 발표했다. 조지 교수 연구진은 전자담배가 혈관기능을 손상시킬 수 있다는 기존 연구는 실험 규모가 작고 결함이 있다고 주장했다.

조지 교수 연구팀은 2년 이상 하루에 15개비 이상의 담배를 피운 성인 114명을 대상으로 연구를 진행했다. 연구팀은 이들을 세 집단으로 나누었는데, 한 집단은 일반 담배를 끊고 싶어 하지 않는 사람 40명으로 구성됐고, 일반 담배를 끊고 싶어 하는 74명 중 37명에게는 니코틴

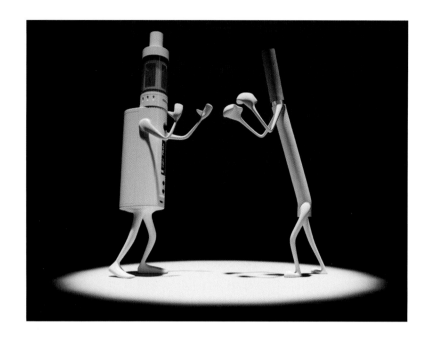

이 함유된 액상형 전자담배를, 나머지 37명에게는 니코틴이 포함되지
않은 액상형 전자담배를 사용하도록 했다.

　　연구팀은 모든 실험 참가자들에게 혈관 기능 측정기를 손목 위 동
맥을 감싸도록 착용하게 했다. 혈관은 건강할수록 동맥 지름 변화가 뚜
렷하기 때문에, 측정기를 착용한 지 한 달 뒤 측정기를 분리하고 피험자
들의 동맥 지름을 측정해 그 차이를 비교하기로 한 것이다. 측정 결과
일반 담배를 계속 피운 집단에서는 혈관 기능에 거의 차이가 없었으나,
액상형 전자담배를 사용한 집단에서는 니코틴 유무와 관계없이 혈관 기
능이 20% 이상 상대적으로 개선됐으며 일부는 비흡연자와 비슷한 수준
으로 혈관 기능이 향상된 것으로 분석됐다. 기존 연구에 따르면, 혈관
기능이 1%포인트 개선될 경우 심혈관질환 위험은 13% 낮아진다.

　　이와 같은 연구 결과가 나왔지만, 조지 교수 연구팀은 연구 결과
를 확대해석하지 말 것을 요청했다. 이번 연구는 일반 담배보다 액상형
전자담배가 덜 유해하다는 사실을 보여줄 뿐 전자담배의 안전성을 증명
하는 것은 아니라고 덧붙였다.

영국 정부에서 펼치는 '스위치' 캠페인 포스터. 일반 담배를 끊고 전자담배를 이용하라는 내용이다.

영국 정부는 일반 담배를 액상형 전자담배로 전환하라고 권유

영국 정부는 일반 담배 흡연자를 대상으로 전자담배로 전환할 것을 권하는 '스위치(Switch)' 캠페인을 진행하고 있다. 액상형 전자담배를 일반 담배의 유해물질 저감 대체재로 보기 때문이다. 영국 공중보건국(PHE)은 연구보고서를 통해 액상형 전자담배의 위해 물질은 일반 담배의 5% 수준이라고 발표했다.

영국의 스위치 캠페인은 담배 가격에도 반영되어 있다. 영국에서 담배 1갑의 평균 가격은 9.8파운드(약 1만 4,100원) 수준인 데 비해, 액상형 전자담배의 4개 팟(팟 1개는 담배 1갑 분량)의 가격이 9.99파운드(약 1만 4,400원)이다. 액상형 전자담배의 가격이 일반 담배의 1/4 수준이다. 이는 영국 정부가 전자담배에 부과되는 세금을 면제해주었기 때문이다. 이뿐만 아니다. 영국 정부는 스위치 캠페인의 일환으로 국립 병원 내에 전자담배 판매점 입점을 허가하기도 했다.

영국 공중보건국은 미국에서 전자담배로 인한 폐질환이 발병한 것이 액상형 전자담배 자체의 문제가 아니라 사용자가 임의로 넣는 첨가물 때문이라는 입장을 유지하고 있다. 폐질환 원인 물질로 지목된 THC과 비타민E 아세테이트 등은 전자담배 제조사가 사용하지 않는 물질로 알려져 있다. 해당 물질이 액상에 포함된 이유는 '오픈 탱크(open tank)'형 전자담배, 즉 사용자들이 자기 손으로 액상에 다른 물질을 첨가하는 형태의 전자담배를 사용했기 때문이라는 것이 영국 공중보건국의 판단이다. 미국 소비자들이 액상에 대마 성분인 THC와 이를 희석하는 물질인 비타민E 아세테이트를 첨가한 것이 폐질환 발병의 원인이라는 의미다.

영국 런던의 한 쇼핑센터에 있는 전자담배 판매 부스.
© Philafrenzy

액상형 전자담배, 한국은 안전한가?

보건복지부와 질병관리본부는 2019년 9월부터 액상형 전자담배 사용 자제를 권고했고, 2019년 10월부터는 액상형 전자담배 사용 중단을 강력하게 권고했다. 국내 의심사례는 2019년 11월까지 총 2건이었으나, 호흡기 및 영상 의학 전문가의 검토 후 1건만이 의심사례에 부합하는 것으로 확인됐다. 전자담배로 인한 폐질환에 관련된 확진 판정 및 사망 환자는 현재까지 없는 것으로 보고됐다.

식품의약품안전처(식약처)는 2019년 10월 국내 유통되는 153개 액상형 전자담배의 액상을 대상으로 THC, 비타민E 아세테이트, 가향물질 3종(디아세틸, 아세토인, 2,3-펜탄디온) 등 총 7개 성분을 분석했다. THC는 모든 제품에서 검출되지 않았으나, 일부 제품에서 비타민E 아세테이트 성분과 폐질환 유발 의심물질로 알려져 있는 가향물질이 검출됐다. 검출된 비타민E 아세테이트는 국내 제품의 경우 0.1~8.4ppm 범위로 검출됐다. 이는 미국에서 검출된 23만~88만 ppm에 비해 현저하게 적은 양이다. 미국에서는 대마 성분인 THC를 희석하는 용도로 비타민E 아세테이트를 사용했기 때문에 많은 양이 검출됐지만, 한국에서 THC는 사용 금지물질이므로 국내 제품의 액상에 비타민E 아세테이트가 의도적으로 첨가됐을 가능성보다는 가향물질이나 첨가제 등 다른 원료로부터 유래했을 가능성이 더 높은 것으로 추정된다.

한국 정부는 현재 폐손상의 원인 물질이 무엇인지 확정되지 않았다는 점, 인체 유해성에 관한 추가 연구가 진행 중인 점, 미국의 조치 사항 등을 종합적으로 고려해 인체 유해성 연구가 발표되기 전인 2020년 상반기까지 액상형 전자담배 사용중단 강력권고조치를 유지하기로 결정했다. 또한 정부는 담배 성분 제출 의무화 법안, 가향 물질 첨가 금지 법안 등 담배 안전관리 강화 법안을 의결하고자 하고 있다.

유해성 논쟁에서 궐련형 전자담배과 액상형 전자담배를 구분해야

궐련형 전자담배 유해성 논란의 핵심은 전자담배 회사들이 홍보하는 것처럼 전자담배가 궐련(일반 담배)과 비교해 정말로 유해물질이 적은지 여부이다.

전자담배 회사들은 궐련형 전자담배를 시판할 때부터 전자담배가 일반 담배보다 유해물질이 적다는 점을 중점적으로 홍보하며 소비자들을 끌어들였다. 전자담배는 일반 담배보다 니코틴 함유량이 낮아 중독성이 적을 뿐 아니라 타르, 알데히드, 휘발성유기화합물(VOCs) 등 유해물질도 배출하지 않는다는 것이 전자담배 회사들의 주장이다. 그러나 의학계에서는 전자담배 회사들의 이런 주장에 대체로 동의하지 않고 있다.

우선 전자담배의 안전성을 주장하는 측에서 어떤 연구결과를 인용하는지 살펴볼 필요가 있다. 액상형 전자담배와 궐련형 전자담배는 작동 원리와 배출 물질이 다르기 때문에 각기 별도의 제품군으로 간주해야 한다. 그런데 전자담배 회사들은 두 제품군이 모두 전자담배로 분류된다는 점을 이용해, 언론 인터뷰 등에서 소비자들이 오해하게끔 연구결과를 인용하기도 한다. 예를 들어 궐련형 전자담배를 제조·판매하는 P사의 의학 담당 수석은 2017년 11월 한국에서 열린 기자간담회에서 전자담배의 안전성을 홍보하며 "영국 임상보건연구원과 공중보건국도 전자담배는 일반 담배 흡연보다 95% 덜 유해하다고 공식 발표했다"는 점을 강조했다. 그러나 영국 정부가 일반 담배보다 덜 유해하다고 공식 발표한 전자담배는 궐련형 전자담배가 아니라 액상형 전자담배였다. 이와 비슷한 일은 의학 학술지에서도 벌어진다. 궐련형 전자담배의 안전성을 주장하는 근거로 액상형 전자담배의 분석결과를 이용하는 의학 논문도 발표되어 같은 학술지에서도 연구자들끼리 논쟁이 벌어지기도 한다.

식약처와 궐련형 전자담배 제조사의 정보 공개 공방

2018년 6월 식약처는 궐련형 전자담배의 성분 분석결과를 발표했다. 니코틴과 타르, 그리고 WHO에서 권고한 9개 성분을 포함해 총 11가지 성분을 분석한 결과인데, 식약처는 궐련형 전자담배의 니코틴 함유량은 일반 담배와 비슷한 수준이고, 일부 제품에서 일반 담배보다 더 많은 타르가 검출됐다고 발표했다. 일반적으로 타르에는 다양한 유해물질이 혼합돼 있어서, 타르가 높게 검출된다는 것은 유해성분이 더 포함됐을 가능성이 있음을 의미한다. 다만, 일반 담배는 태우는 방식이고 궐련형 전자담배는 가열 방식이라는 점에서 생성된 타르의 구성성분은 다를 수 있다고 식약처는 밝혔다. 또한 식약처는 궐련형 전자담배에서 타르를 제외한 유해성분은 일반 담배보다 적게 검출됐지만, 벤젠, 포름알데히드, 니트로사민류 등 발암물질도 검출됐다는 점, 담배의 유해성은 흡연기간과 흡연량뿐만 아니라 흡입횟수, 흡입 깊이 같은 흡연 습관에 따라 달라질 수 있다는 점을 들면서 유해성분 함유량을 단순 비교해 어느 제품이 덜 유해하다고 판단하기는 어렵다고 덧붙였다.

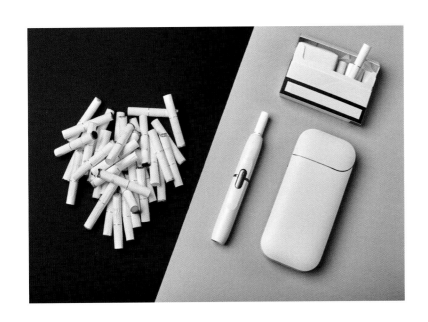

궐련형 전자담배는 유해성 논란에 시달리고 있다. 2018년 식약처는 궐련형 전자담배의 성분을 조사한 결과 일부 제품에서 일반 담배보다 더 많은 타르가 검출됐다고 발표하기도 했다.

이런 분석결과가 발표되자, 궐련형 전자담배 제조사인 P사는 식약처에 분석결과를 도출하는 데 사용한 정보를 공개할 것을 요구했다. 식약처는 P사가 공개하라고 요청한 정보는 작성 제목, 일자, 문서번호 등이 특정되지 않아 정보로서 공개하기 불가능하고 특히 공개하라고 요청한 정보들은 존재하지 않는 것들이 대부분이라고 밝히며 정보 공개를 거부했다. 그러자 P사는 2018년 10월 식약처에 정보공개 소송을 제기했다. 식약처가 제시한 사유가 적법한 비공개 사유가 될 수 없다는 것이 그 이유였다.

2020년 5월 서울행정법원은 P사가 식약처를 상대로 한 정보공개 거부처분 취소청구 소송에 대해 원고 일부 승소 판결을 내렸다. 재판부는 P사가 식약처에 요구한 총 24개의 정보 요구 사항 중 분석 수행자 정보, 분석대상 성분 적절성 관련 자료, 분석방법 타당성 검증 관련 자료, 분석결과의 반복성 및 재현성 확인 자료, 시험분석평가위원회의 의견서 등 총 11개 사항을 공개하라는 판결을 내렸다. 재판부는 P사가 요구한 24개 항목의 정보 중 13개 항목에 대한 정보는 식약처의 주장대로 실제 존재하지 않는다고 판단했다.

P사가 이번 소송에서 일부 승소하면서, 궐련형 전자담배의 유해성을 둘러싼 식약처와 전자담배 회사들의 공방은 당분간 더 치열하게 전개될 것으로 보인다.

궐련형 전자담배의 유해성에 관한 연구결과

현재 진행되는 많은 연구에서 궐련형 전자담배가 일반 담배보다 유해성이 낮은지에 대해서는 의견이 엇갈리지만, 궐련형 전자담배가 액상형 전자담배보다 더 유해하다는 데는 대체로 의견이 일치하는 것으로 보인다.

WHO는 궐련형 전자담배를 액상형 전자담배와 함께 전자담배로 묶을 것이 아니라 가열 담배로 따로 분류해야 한다는 입장을 보이고 있다. 2017년 10월 WHO는 궐련형 전자담배가 일반 담배보다 덜 해롭거나 유해성분이 덜 배출된다는 근거가 없으며, 유해물질 감소가 인체 위해도 감소로 이어진다는 어떤 증거도 없다고 밝혔다.

2017년 11월 스위스 산업보건연구소는 궐련형 전자담배에서 국제암연구소 1군 발암물질인 포름알데히드와 벤조피렌뿐만 아니라 아크롤레인, 크로톤알데히드, 벤즈안트라센 등의 유해물질도 검출됐다고 발표했다. 궐련형 전자담배에서 배출되는 포름알데히드는 일반 담배 배출량의 74%에 달했고, 아크롤레인도 일반 담배 배출량의 82%를 배출하는 것으로 분석됐다. 또한 배출되는 일산화탄소와 니코틴 농도도 일반 담배와 유사한 수준인 것으로 나타났다. 이는 일반 담배의 배출량보다는 적지만 인체에는 충분히 유해한 수준이라는 것이 연구소의 설명이다.

같은 시기에 미국 샌프란시스코 캘리포니아대(UCSF) 스탠턴 글랜츠 교수는 FDA의 의뢰를 받아 진행한 연구 결과를 발표했다. 백혈구 수치, 혈압, 폐 용량 등 24개 건강 지표를 기준으로 일반 담배 흡연자와 궐련형 전자담배 흡연자를 비교한 결과, 23개 지표에서 통계적으로 유의미한 차이가 없는 것으로 나타났다.

동물실험에서도 궐련형 전자담배는 일반 담배만큼이나 유해하다고 보고된다. 2017년 11월 UCSF 의대 연구팀은 일반 담배와 궐련형 전자담배의 유해성을 비교하는 동물실험 결과를 미국심장학회 학술회의에서 공개했다. 실험은 일반 담배 연기와 궐련형 전자담배의 증기를 실험용 쥐에게 15초씩 10차례 노출하는 방식으로 이루어졌다. 실험 결과 일반 담배 연기를 들이마신 쥐는 혈관 기능이 57% 저하됐고 궐련형 전자담배의 증기를 마신 쥐는 혈관 기능이 58% 저하됐다. 두 제품군 사이에 유의미한 차이가 없었다는 뜻이다. 일반 담배 연기에 노출된 쥐의 혈중 니코틴 수치는 평균 15ng/ml였으나, 궐련형 전자담배의 증기에 노출된 쥐의 혈중 니코틴 수치는 70.3ng/ml로 나타났다. 즉 혈중 니코틴 수치는 오히려 궐련형 전자담배가 일반 담배보다 네 배 이상 높았다.

담배 성분분석의 두 방법, ISO 법과 HC 법

담배 유해성분 분석방법으로는 기존의 국제표준기구(ISO) 분석법과 비교적 최근에 개발된 HC(Health Canada) 분석법이 있다. HC 법은 실제 흡연자가 필터 천공 부위를 막은 채로 흡연한다고 가정하고 성분을 분석한다. 이는 흡연자의 습관을 반영한 것이다. HC 분석법은 ISO 분석법이 가정하는 것보다 더 많은 담배 연기가 체내에 들어간다고 가정한다.

대부분의 국가에서 ISO 분석법을 이용해 담배 성분을 표기하고 있으나, 최근 WHO는 소비자 건강 보호 차원에서 HC 분석법을 사용할 것을 권고하고 있다.

	포집 부피	포집 빈도	포집 시간	필터 천공 부위 개폐 여부
ISO 법	35ml/회	1회/분	2초	막지 않음
HC 법	55ml/회	2회/분	2초	막음

미국 보스턴대 마이클 시겔 교수는 2019년 10월 한 언론과의 인터뷰에서 궐련형 전자담배는 일반 담배보다 덜 위험하지만, 액상형 전자담배보다는 훨씬 더 위험하다고 밝혔다. 시겔 교수는 흡연자가 금연을 시도하는 경우 액상형 전자담배를 사용할 수 있다면 궐련형 전자담배를 사용하지 말 것을 권하기도 했다.

유해성 논쟁에서 고려해야 할 또 다른 요소들

전자담배 유해성 논란에서 유해물질 배출량 말고도 고려해야 할 또 다른 요소들이 있다. 우선 독성물질의 역치를 고려해야 한다. 인체는 여러 장기와 조직으로 구성되고, 각 세포, 조직, 장기마다 손상받는 유해물질 노출 정도가 다르다. 어떤 유해물질이 이전보다 절반 정도 줄어들었다고 할 때 어떤 장기는 더 이상 손상되지 않지만 다른 장기에서는 여전히 손상이 진행될 수 있다. 즉 유해물질의 양과 인체에 미치는 유해성이 반드시 정비례하지는 않는다. 과거 담배회사는 타르가 적은 담배를 생산하면서 건강에 덜 해롭다고 주장했지만, 저타르담배가 폐암발생을 줄이지 못한 것은 이런 이유 때문이다.

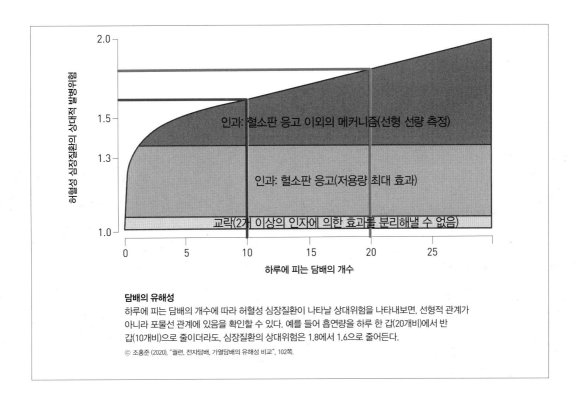

담배의 유해성
하루에 피는 담배의 개수에 따라 허혈성 심장질환이 나타날 상대위험을 나타내보면, 선형적 관계가
아니라 포물선 관계에 있음을 확인할 수 있다. 예를 들어 흡연량을 하루 한 갑(20개비)에서 반
갑(10개비)으로 줄이더라도, 심장질환의 상대위험은 1.8에서 1.6으로 줄어든다.

ⓒ 조홍준 (2020), "궐련, 전자담배, 가열담배의 유해성 비교", 102쪽.

배출물의 위험물질 농도와 건강위험이 비례하려면 위험물질 농도
와 건강위험의 증가가 선형 관계이어야 한다. 그러나 여러 연구는 흡연
량과 심혈관질환의 관계가 직선 관계가 아니라 포물선 관계임을 보여준
다. 흡연량을 하루 한 갑(20개비)에서 반 갑(10개비)으로 줄이더라도,
심장 질환의 상대위험은 1.8에서 1.6으로 줄어들 뿐이다. 즉 흡연량이
절반으로 줄어도 심장실환에 걸릴 위험은 11%밖에 줄어들지 않는다는
뜻이다. 언론 보도 등에서 전자담배의 위험물질 농도 감소 비율과 위험
도 감소 비율을 혼동하기도 하는데, 이는 소비자들에게 잘못된 정보를
전달할 위험이 있다.

유해성 논쟁에서 고려해야 할 또 다른 요소는 흡연기간이다. 폐질
환 발생에는 1일 흡연량보다 전체 흡연기간이 더 중요하다는 연구도 있
다. 흡연량과 질병 발생의 관계가 포물선 관계이기 때문에 담배를 완전
히 끊지 않고 흡연량을 줄이는 것만으로는 질병 발생 비율을 낮출 수 없

설사 전자담배가 담배보다
덜 해롭다고 하더라도, 둘
다 인체에 해롭다는 사실은
바뀌지 않는다. ⓒ Mike Mozart

다는 의미다. 의학계에서 전자담배의 장기적 영향에 대한 연구가 시급
하다고 주장하는 데는 이런 배경이 있다.

흡연기간이 문제가 된다는 점에서 불거지는 또 다른 문제는 전자
담배가 금연에 도움이 되는지에 관한 것이다. 전자담배 회사들은 전자
담배가 기존의 일반 담배보다 더 안전한 담배라고 홍보하면서 금연 서
비스를 찾는 사람들이 줄어드는 현상이 발생하고 있다. 이는 전자담배
를 '금연의 징검다리'라고 홍보하는 영국의 사례에서도 나타난다. 영국
의 성인 평균 흡연율은 2012년 19.6%에서 2017년 15.1%로 4.5%포
인트 줄어들었으나, 같은 기간 전자담배 사용률은 1.7%에서 5.8%로
4.1%포인트 늘어났다. 이는 전자담배가 일반 담배를 대체했을 뿐, 흡연
인구 자체가 줄어든 것은 아니었음을 보여준다.

전자담배가 '금연의 징검다리'가 아니라 '흡연의 징검다리'가 된다
는 주장도 있다. 미국 질병통제예방센터가 2015년 미국의 중고교생을

대상으로 대대적인 조사를 벌인 결과, 2013년 한 해 동안만 25만 명이 넘는 비흡연 청소년이 전자담배 이용자가 됐고 이 중 일부는 일반 담배 흡연자가 됐다.

전자담배의 유해물질 배출량뿐만 아니라 이렇게 다양한 요소들까지 고려해야 한다는 점에서 전자담배 유해성 논란은 상당 기간 지속될 것으로 보인다. 그렇지만 거의 모든 보건당국과 연구자들이 공통적으로 합의하는 것이 있다. 그것은 일반 담배를 전자담배로 대체하는 것보다는 아예 금연하는 것이 훨씬 건강에 도움이 된다는 사실이다.

양자컴퓨터

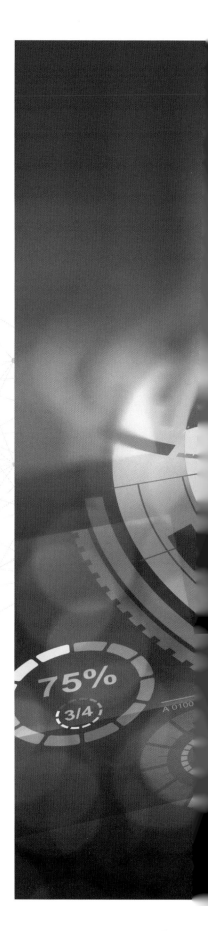

김재완

서울대학교 물리학과를 졸업했고 미국 휴스턴 대학교에서 물리학 박사를
받았다. 삼성종합기술원 계산과학팀의 선임 연구원 및 팀장과 KAIST 물리
학과의 연구교수, 학술진흥재단 양자정보과학 순수기초과학연구그룹 연구
책임자, 과학기술부/정보통신부 차세대시큐리티사업–양자암호기술 연구
책임자를 역임했다. 현재는 고등과학원 계산과학부의 교수로 양자컴퓨터
와 양자정보를 연구하고 있다.

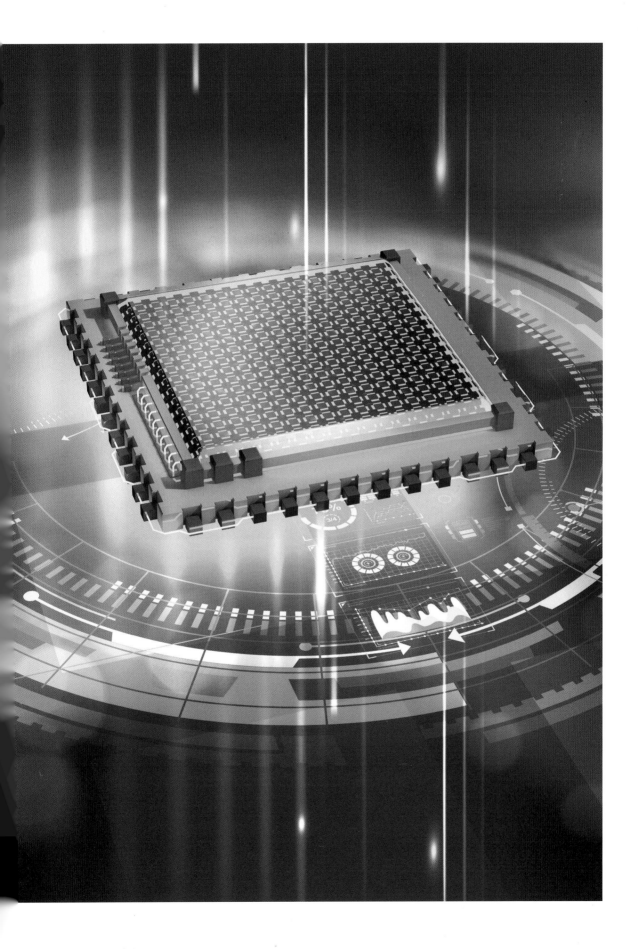

양자컴퓨터가 기존 슈퍼컴퓨터보다 뛰어난가?

구글이 개발한 양자컴퓨터.
© Google

구글이 만든 양자컴퓨터 '시카모어(Sycamore)'가 '양자우월성(quantum supremacy)'을 실현했다는 논문이 2019년 10월 학술지 《네이처》에 실렸다. 양자우월성은 양자컴퓨터가 기존 슈퍼컴퓨터의 성능을 능가한다는 뜻이다. 구글의 주장에 대해 "아직 그 정도는 아니다"라고 초전도 큐비트로 같은 방식의 양자컴퓨터를 만들어 경쟁하고 있는 IBM이 반격에 나섰다.

양자우월성을 달성했다는 양자컴퓨터는 기존 슈퍼컴퓨터를 어떻게 능가할 수 있을까. 양자컴퓨터를 제대로 파악하려면 양자물리학에서 나온 양자(量子, quantum), 큐비트(qubit) 또는 양자비트(quantum bit) 등의 개념도 이해해야 한다. 양자컴퓨터의 세계를 자세히 살펴보자.

안티키테라 기계에서 양자컴퓨터까지

계산기를 만드는 것은 인류의 오랜 꿈이었다. 적어도 기원전 1세기 초에 만들어진 것으로 보이는 '안티키테라 기계'는 1900년대 초 그리스 안티키테라(Antikythera)섬 주변에서 발견됐는데, 정교한 톱니바퀴 10여 개로 구성되어 천체의 움직임을 계산하는 데 사용했던 것으로 추정되고 있다. 갈릴레오와 뉴턴이 시작한 고전물리학의 발전에 따라 태양계 천체들의 움직임을 정확하게 계산하려는 의지와 함께 수학과 물리학이 급속히 발전했다. 항해술, 무기개발, 산업혁명, 다양한 기술과 상업의 발전도 계산을 빠르고 정확하게 계산할 수요를 부추겼다.

적어도 기원전 1세기 초에 만들어진 것으로 보이는 '안티키테라 기계'. 정교한 톱니바퀴 10여 개로 구성되어 천체의 움직임을 계산하는 데 사용했던 것으로 추정된다.
© Marsyas

뉴턴과 스티븐 호킹이 지녔던 케임브리지대학교 루카시안 수학 석좌 교수직을 지낸 찰스 배비지(Charles Babbage)는 1820년대에 기계식 계산기를 고안하여 영국 정부로부터 수십 년 동안 지원을 받기도 하고 자기 재산도 털어 연구를 진행했지만 완성하지 못했다. 다만 배비지의 기계식 계산기 아이디어는 1991년에야 정밀기계기술로 만들어져서 입증됐다. 그러는 중에 존 폰 노이만(John von Neumann)과 앨런 튜링(Alan Turing) 등에 의해 고안된 디지털 컴퓨터 아이디어가 전기적인 방법으로 실현됐다. 회로에 흐르는 전류를 제어하는 방식으로 연산을 수행하여 전자계산기(電子計算機, electronic computer)라고 불리게 됐다. 처음에는 손가락 크기의 진공관 수천~수만 개가 쓰이다가, 진공관이 손톱 크기의 반도체 트랜지스터로 대체되고, 이제는 수 나노미터 크기의 트랜지스터 수백억 개를 갖춘 디지털 컴퓨터가 쓰이고 있다. 1 나노미터는 1m의 10억분의 1이며, 실리콘이나 탄소 원자가 겨우 몇 개 들어갈 수 있는 길이다.

현대에 '안티키테라 기계'를 재현한 모델. © Mogi Vicentini

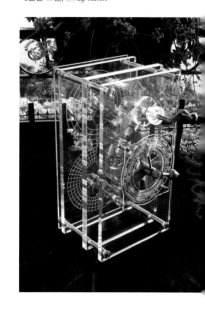

디지털 컴퓨터에 쓰이는 정보의 단위 비트(bit)는 이진수(binary digit)를 줄인 말이며, 아주 오래된 아이디어이다. 우리나라의 윷놀이는 비트 네 개를 던져서 나오는 4비트 게임이다. 우리 태극기 주변의 건곤감리 사괘도 비트로 이루어져 있다. 양효(—)는 1, 음효(--)를 0으

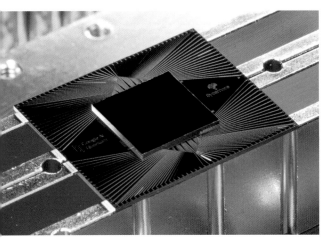

구글이 양자우월성을
달성했다고 주장한 양자
프로세서 '시카모어'.
© Erik Lucero/Google

로 대체하면 바로 비트가 된다. 주역(周易)은 한자 易(바꿀 역)이 뜻하는 바대로 사물이 변화하는 원리를 양과 음의 조화로 설명하려 했다. 이 음양론이 서양에 전해져 라이프니츠가 2진법 수학을 고안하게 됐다고도 한다. 인도 철학과 불교 교리에도 4, 8, 64 등과 같은 2의 누승수가 많이 쓰이고 있다. 어린아이들도 잘 아는 '스무고개'는 예(1)와 아니오(0), 비트를 사용하는 게임이다. 20비트를 잘 사용하면 2의 20제곱, 즉 104만 8576가지의 사물을 구분할 수 있다.

이 이진법 논리로 된 불 대수(Boolean algebra)가 현대 디지털 컴퓨터에 쓰이고 있다. 이렇게 현대 디지털 컴퓨터는 양자물리학 원리로 만들어진 반도체 트랜지스터를 사용하는 하드웨어(hardware, HW)와 이진법 수학의 정보이론을 바탕으로 한 소프트웨어(software, SW)와 운영체제(Operating System, OS)로 이루어져 있다.

더 크고 빠른 계산을 하기 위해 하드웨어는 양자물리학의 원리를 사용해 발전했다. 마치 파이프에 흐르는 물의 흐름을 수도꼭지가 조절하듯이, 전류를 제어하는 것이 트랜지스터이다. 트랜지스터는 전기적 성질이 다른 세 부분이 직렬로 이어져 있는데, 가운데 부분에 전압을 가해 전류를 흘리기도 하고 끊기도 함으로써 1과 0을 구현한다. 트랜지스터의 크기는 처음에 cm 정도의 손톱 크기였으나, 점점 작아져 이제는 수 나노미터 수준에 이르게 됐다. 인텔의 창업자인 헨리 무어(Moore)는 반도체 소자의 집적도가 3년에 4배씩 증가한다는 '무어의 법칙'을 말했다.

노벨물리학상 수상자 리처드 파인먼이 1959년 행한 강연 '바닥에는 아직 들어갈 여지가 많이 있다(There's plenty of room at the bottom)'에 따라 '작게 더 작게'를 추구해 온 나노테크놀로지는 언제까지나 지속

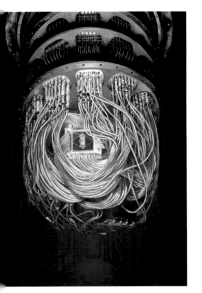

저온유지장치에 장착된
구글의 시카모어 프로세서.
《네이처》 표지를 장식했다.
© Forest Stearns/Google

될 수 있을까? 0과 1이 분명히 구별되는 디지털 정보 방식은 이를 구현하기 위한 반도체 소자의 크기가 나노미터 또는 그 아래로 내려가면서 원자 크기에 이르면 더 이상 성립되지 않는다. 양자물리학의 불확정성 원리가 두드러지는 나노미터 이하의 세계에서는 0과 1이 불분명해지는데, 이는 디지털 정보처리에는 치명적이다. 이런 상황을 소극적으로 피하지 않고, 양자물리학을 하드웨어뿐 아니라 소프트웨어와 운영체제의 원리에까지 적용하려는 것이 양자컴퓨터이다. 그리고 무어의 법칙이 끝나는 해라고 진작부터 예고되어 온 2020년이 되기 직전인 2019년 구글이 양자우월성(quantum supremacy)을 입증했다고 발표한 것이다.

양자비트의 마법은 중첩에 의해 가능

디지털 컴퓨터 또는 고전 컴퓨터가 0 또는 1의 비트를 정보의 단위로 쓰는 데에 비해, 양자컴퓨터는 0과 1뿐 아니라 0과 1이 동시에 될 수 있는 양자비트(quantum bit), 즉 큐비트(qubit)로 계산을 한다. 고전 논리학 법칙 중 배중률(排中律)은 P이거나(OR) P가 아니거나 둘 중 하나이지 P이면서 P가 아닌 경우는 없다고 한다. 비트의 0과 1은 서로 배타적이어서 바로 이 법칙에 해당한다. 그런데 큐비트는 P이면서(AND) P가 아니기도 한 경우를 양자물리학의 중첩(重疊, superposition) 현상으로 나타낼 수 있다.

필자는 양자정보 강연을 하며 다음과 같은 예를 든다. 사람을 남자와 여자로 구분할 수도 있고, 노인과 소인으로 구분할 수도 있다. 어떤 길 위에 검문소가 둘 있는데, 첫 번째 검문소는 남자만 통과할 수 있고 (즉, 여자는 통과금지) 두 번째 검문소는 여자만 통과할 수 있다면, 이 두 검문소를 모두 통과하는 사람이 있을까? 당연히 없다. 이제 이 두 검문소 중간에 노인과 소인 중 노인만 통과할 수 있는 검문소를 설치하면 어떻게 될까? 당연하게도 여전히 아무도 통과하지 못한다. 그렇지만 이 상황을 양자물리학적인 비유로 생각하면, 세 검문소를 모두 통과할

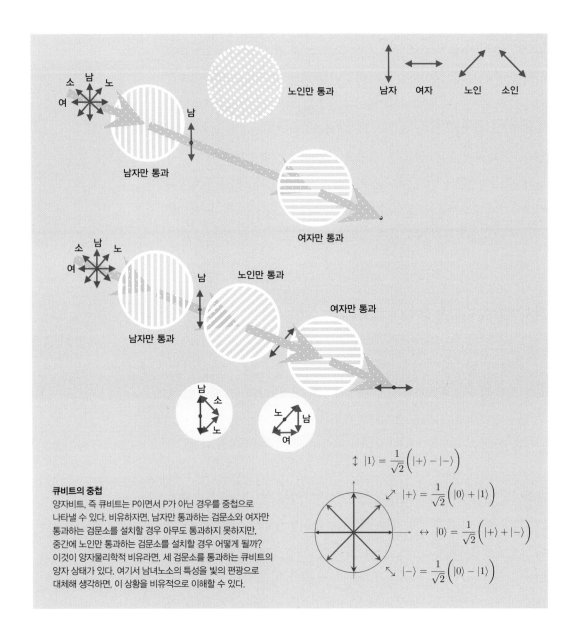

큐비트의 중첩
양자비트, 즉 큐비트는 P이면서 P가 아닌 경우를 중첩으로
나타낼 수 있다. 비유하자면, 남자만 통과하는 검문소와 여자만
통과하는 검문소를 설치할 경우 아무도 통과하지 못하지만,
중간에 노인만 통과하는 검문소를 설치할 경우 어떻게 될까?
이것이 양자물리학적 비유라면, 세 검문소를 통과하는 큐비트의
양자 상태가 있다. 여기서 남녀노소의 특성을 빛의 편광으로
대체해 생각하면, 이 상황을 비유적으로 이해할 수 있다.

$$\updownarrow \ |1\rangle = \frac{1}{\sqrt{2}}\Big(|+\rangle - |-\rangle\Big)$$

$$\nearrow \ |+\rangle = \frac{1}{\sqrt{2}}\Big(|0\rangle + |1\rangle\Big)$$

$$\leftrightarrow \ |0\rangle = \frac{1}{\sqrt{2}}\Big(|+\rangle + |-\rangle\Big)$$

$$\searrow \ |-\rangle = \frac{1}{\sqrt{2}}\Big(|0\rangle - |1\rangle\Big)$$

수 있는 큐비트의 양자 상태가 있다. 첫 번째 검문소를 통과한 사람은
남자이고, 남자는 노인일 수도 있고 소인일 수도 있으니 노인이 두 번째
검문소를 통과하고, 노인은 여자일 수도 있고 남자일 수도 있으니 여자
가 세 번째 검문소까지 통과한다.

　　여기서 남녀노소라는 특성을 빛의 편광으로 대체하여 생각해 보

면, 이 상황을 비유적으로 이해할 수 있다. 빛은 진행 방향에 수직인 2차원 평면 내에서 전기장과 자기장이 진동한다. 전기장의 진동 방향을 편광 방향이라고 한다. 수직편광(↕)을 남자, 수평편광(↔)을 여자라고 표현하고, 45° 편광(↗)을 노인, -45° 편광(↘)을 소인이라고 하자. 수직편광만 통과시키는 수직편광판으로 첫 번째 검문소를 대체하고, 마지막 검문소를 수평편광판으로 대체하면, 아무런 빛도 두 편광판을 통과하지 못한다. 편광판을 통과하는 빛의 양은 편광 사이 각도의 코사인값의 제곱에 비례한다는 말루스(Malus)의 법칙으로 계산하면, 코사인 90°의 값이 0이므로 쉽게 알 수 있다. 이제 중간에 45° 편광판을 넣으면, 코사인 45°의 값이 $1/\sqrt{2}$이므로 첫 번째 수직편광판을 통과한 빛이 45° 편광판을 통과할 때에 빛의 양이 반으로 줄어들고, 마지막 수평편광판을 통과할 때 또다시 반으로 줄어들어서 결국 1/4 만큼이 통과할 수 있다. 즉 아무것도 통과하지 못한다는 고전적인 논리의 결론과 다르다.

양자컴퓨터의 알고리듬은?

양자물리학에서 수평편광으로 0의 상태를 $|0\rangle$, 수직편광으로 1의 상태를 $|1\rangle$로 쓴다. 45° 편광(↗)은 수평편광과 수직편광 성분이 더해진 중첩 $|+\rangle=|0\rangle+|1\rangle$, -45° 편광(↘)은 수평편광에서 수직편광을 뺀 중첩 $|-\rangle=|0\rangle-|1\rangle$로 쓴다. $|+\rangle$로 표현되는 광자는 0과 1을 동시에 나타내는 셈이다. 이런 광자가 4개 있으면, 다음과 같다.

$$|+\rangle|+\rangle|+\rangle|+\rangle$$
$$=(|0\rangle+|1\rangle)(|0\rangle+|1\rangle)(|0\rangle+|1\rangle)(|0\rangle+|1\rangle)$$
$$=|0\rangle|0\rangle|0\rangle|0\rangle+|0\rangle|0\rangle|0\rangle|1\rangle+|0\rangle|0\rangle|1\rangle|0\rangle+|0\rangle|0\rangle|1\rangle|1\rangle$$
$$+|0\rangle|1\rangle|0\rangle|0\rangle+|0\rangle|1\rangle|0\rangle|1\rangle+|0\rangle|1\rangle|1\rangle|0\rangle+|0\rangle|1\rangle|1\rangle|1\rangle$$
$$+|1\rangle|0\rangle|0\rangle|0\rangle+|1\rangle|0\rangle|0\rangle|1\rangle+|1\rangle|0\rangle|1\rangle|0\rangle+|1\rangle|0\rangle|1\rangle|1\rangle$$
$$+|1\rangle|1\rangle|0\rangle|0\rangle+|1\rangle|1\rangle|0\rangle|1\rangle+|1\rangle|1\rangle|1\rangle|0\rangle+|1\rangle|1\rangle|1\rangle|1\rangle$$

다시 말하면 0000부터 1111까지 모두 2의 4제곱, 즉 16가지 상태를 한꺼번에 나타낼 수 있다. 고전적 디지털 컴퓨터로 이들에 대해 계산을 하려면 16번을 반복해야 하지만, 양자컴퓨터로는 16가지 경우에 대해 단 한 번에 계산을 해낼 수 있는 셈이다. 이렇게 n개의 큐비트를 쓸 때 2의 n제곱으로 지수함수적으로 계산공간이 커지는 것을 양자병렬성(quantum parallelism)이라고 한다.

디지털 컴퓨터도 병렬성을 추구할 수 있지만, 컴퓨터 자원을 4배로 늘리면 최대 4배, 8배로 늘리면 최대 8배로 늘어나서 기껏해야 선형적인 병렬성을 보일 뿐이다. 나노기술의 문을 연 파인먼은 1980년대에 양자다체문제를 시뮬레이션하기 위해서는 보통의 디지털 컴퓨터로는 불가능하고 양자물리학의 법칙을 따르는 컴퓨터를 사용하면 된다는 강연을 통해 양자컴퓨터의 필요성을 밝혔다. 예를 들어 스핀상태 위/아래를 가지는 전자 50개에 대한 모델 시뮬레이션을 한다고 하더라도 양자상태를 나타내는 데에 필요한 계수는 2의 50제곱, 즉 10의 30개 정도가 필요한데, 이것은 디지털 컴퓨터로 감당하기 어렵지만, 큐비트 50개로 감당할 수 있을 것이다.

그렇다고 해서 지수함수적으로 늘어난 계산공간을 활용해 나오는 결과 2의 n제곱 개 모두를 얻을 수 있는 것은 아니다. 계산 마지막에 측정하게 될 큐비트의 개수는 여전히 n개뿐이기 때문에 측정을 통해 n비트의 결과만 얻을 수 있을 뿐이다. 그래서 양자컴퓨터의 알고리듬은 지수함수적으로 늘어난 계산공간을 잘 활용하도록 설계돼야 한다. 미국의 벨연구소 응용수학자 피터 쇼어(Peter Shor)는 1994년 양자 푸리에변환을 이용한 양자 소인수분해 알고리듬을 발표해 세상을 놀라게 했다. 소수(素數, prime number, 1과 그 자신 이외에는 약수가 없는 자연수) 둘을 곱하는 것은 쉽지만, 어떤 수를 두 개의 소수로 소인수분해하는 과정은 매우 어렵다. n자리의 수를 소인수분해하는 데에 걸리는 계산 시간은 2의 n제곱에 가까운 정도로 비례하는 것으로 알려져 있다. 피터 쇼어의 양자 알고리듬은 n의 3제곱 정도 되는 시간에 같은 문제를 해결할 수 있다. 예를 들어 2000자리의 수를 소인수분해하려면, 현재 알려진 최고의 디지털 컴퓨터로는 우주 전체의 강입자 수효에 해당하는 약 10의 81제곱(1 다음에 0이 81개) 대를 동원해 우주의 나이인 10의 18제곱 초 동안 계산을 하더라도 불가능하다고 한다. 그렇지만 양자컴퓨터를 사용하면 1~2분 안에 가능하다고 한다. 그야말로 불가능을 가능으로 만드는 셈이다. 문제는 아직 그런 양자컴퓨터가 만들어지지 않았고, 언제 만들어질지, 또 과연 만들 수 있을지조차 불확실하다.

공개키 암호 vs 일회용 난수표 방식 암호

고전적인 알고리듬과 디지털 컴퓨터로는 풀기 어렵다고 알려진 큰 수의 소인수분해 문제가 양자컴퓨터로 쉽게 풀리게 되면 현재 우리가 사용하고 있는 디지털 통신보안에 큰 문제가 생긴다. 1978년 론 리베스트(Ron Rivest), 아디 샤미르(Adi Shamir), 레너드 애들먼(Leonard Adleman) 등 세 교수는 소인수분해 문제가 어렵다는 것을 이용한 RSA 공개키 암호방식을 개발했다. 예를 들어 갑순이가 아주 긴 소수 p와 q를 이용해 자물쇠(공개키) e와 열쇠(비밀키) d를 만들어, p와 q를 곱한 수 N과 자물쇠 e를 사람들에게 공개하면서 자신에게 메시지를 보내고 싶은 사람은 이 N과 e로 암호화해 보내라고 한다. 이 세상 누구라도 N과 e를 이용해 메시지를 암호화할 수 있지만, 한번 암호화된 메시지는 d를 알아야만 풀 수 있다. 그리고 이 모든 과정은 두 소수 p와 q에서 비롯된 것이므로, N을 소인수분해하여 p와 q를 구하기만 하면 모든 암호 메시지가 풀리게 된다. 그래서 미국의 국가안보국(NSA)은 몇 년 전 현재의 암호시스템이 안전하지 않으니 양자암호 등 새로운 암호방식을 개발해야 한다고 권고했다.

이렇게 곱하는 것은 쉽지만 소인수분해는 어려운 것처럼 한쪽 방향으로는 쉽고 반대 방향으로는 어려운 경우를 일방향 함수라고 하고, 이를 이용해 만든 자물쇠와 열쇠가 다른 암호방식을 비대칭 암호 또는

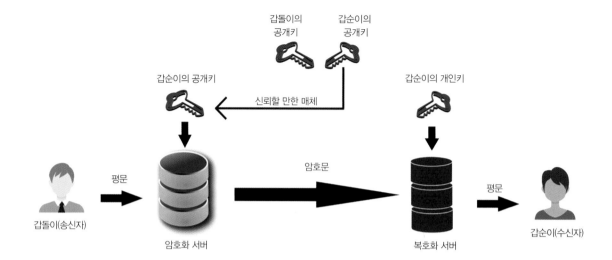

비대칭 암호의 원리
갑돌이(송신자)가
갑순이(수신자)에게
메시지(평문)를 보낼 때,
갑순이는 공개키와 개인키로
구성된 한 쌍의 키를 생성하고
자신의 공개키를 갑돌이에게
보낸다. 갑돌이는 갑순이의
공개키를 이용해 메시지를
암호화한 뒤 이 암호문을
갑순이에게 전송하면,
갑순이는 자신의 개인키로
암호문을 복호화할 수 있다.
이런 비대칭 암호에는 RSA
암호가 있다.

공개키 암호라고 한다. 암호와 암호해독은 서로 경쟁하면서 발전하고 있다. 필자는 양자물리학과 통신보안 사이를 '병 주고 약 주는' 관계라고 설명한다. 양자컴퓨터가 만들어지면 현재의 통신보안이 위험해지니 병을 주는 셈이고, 다음에 설명할 양자암호는 양자컴퓨터로도 풀 수 없는 통신보안을 제공하는 셈이니 약을 주는 셈이다.

RSA 비대칭 암호방식이 출현하기 오래전부터 쓰여 온, 안전하지만 매우 불편한 방식에 일회용 난수표 방식이 있다. 서로 비밀메시지를 주고받으려는 두 당사자가 난수열을 나눠 가진다. 난수(random number)는 이를 구성하는 숫자들 사이에 아무 관련이 없어서 도무지 추측할 수 없는 수이기에 '마구잡이수' 또는 '막수'라는 표현도 쓴다. 메시지를 숫자로 변환하고 여기에 이 난수를 더하면, 그 결과도 난수가 된다. 이제 이 암호화된 메시지를 받은 사람은 같은 난수를 빼기만 하면 원래의 메시지를 복원할 수 있다. 두 통신 당사자가 사용하는 비밀키가 같기 때문에 대칭 암호방식이라고 부른다.

문제는 두 사람이 똑같은 난수를 나눠 가지기가 쉽지 않다는 점이다. 난수를 써서 보냈다가 중간에 적에게 넘어갈 수도 있다. 또 이 난수

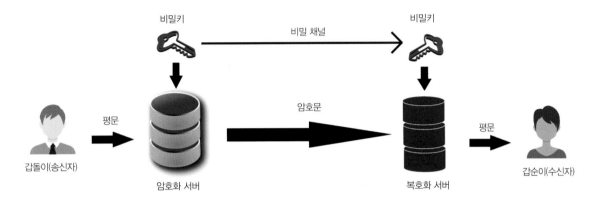

비밀키   비밀 채널   비밀키

평문   암호문   평문

갑돌이(송신자)   갑순이(수신자)

암호화 서버   복호화 서버

대칭 암호의 원리
갑돌이(송신자)가
메시지(평문)를
갑순이(수신자)에게 보낼 때
비밀키를 이용해 암호화한
뒤 이 암호문을 전달한다.
암호문을 받은 갑순이는 비밀
채널을 통해 받은 비밀키로 이
암호문을 해독(복호화)한다.
이런 대칭 암호에는 일회용
난수표 방식 암호가 있다.

는 한 번만 사용해야 하기 때문에 일회용이란 수식어가 붙는다. 메시지 A에 난수 R을 더해서 A′을 만들어서 보내고, 메시지 B에 똑같은 난수 R을 더해서 B′을 만들어 보내면, A′과 B′은 각각 개별적으로는 난수가 되지만, A′−B′을 하면 바로 A−B가 되고 여기에는 난수 성분이 없어서 충분히 추측이 가능하게 된다. 나눠 가지기도 힘들고 한 번만 쓰고 완전히 파기해야 하기 때문에 아주 불편한 암호방식이다.

양자암호, 양자암호키분배

양자물리학적인 방법으로 두 통신 당사자에게 똑같은 난수를 외부에 노출되지 않게 만들어주는 것이 양자암호 또는 양자암호키분배이다. 이것은 수학적으로 어려운 문제를 풀거나 하는 것이 아니기 때문에 원리적으로는 양자컴퓨터로도 공격할 수 없다.

예를 들어 갑과 을이 0과 1의 비트로 된 난수열을 만들려고 한다. 갑이 을에게 단일광자의 편광을 이용해 0과 1을 두 가지 방식으로 보낸다. 수평과 수직으로 이루어진 한글 자음 ㄱ 방식은 수평편광(↔) 상태

양자컴퓨팅	큐비트	계산	알고리듬	양자텔레포테이션	양자암호
●○○○○○	○●○○○○	○○●○○○	○○○●○○	○○○○●○	○○○○○●

양자컴퓨터와 관련 분야

양자컴퓨터는 큐비트(양자비트)를 바탕으로 적절한 양자 알고리듬을 도입하면 기존의 슈퍼컴퓨터보다 훨씬 빠른 계산이 가능하며, 양자텔레포테이션(양자원격전송), 양자암호 등도 구현할 수 있다.

$|0\rangle$을 '0', 수직편광($\updownarrow$) 상태 $|1\rangle$을 '1'이라고 하고, 빗금 두 획으로 이루어진 한글 자음 ㅅ 방식은 $45°$ 편광($\nearrow$)상태 $|+\rangle$를 '0', $-45°$ 편광($\searrow$) 상태 $|-\rangle$를 '1'이라고 한다. 갑이 0을 ㄱ 방식으로 보내면 수평편광($\leftrightarrow$)이 되는데, 을이 이것을 ㄱ 방식으로 측정하면 100% 수평편광($\leftrightarrow$)이어서 갑과 똑같은 0으로 받아들이게 되고, ㅅ 방식으로 측정하면 50%는 $45°$ 편광($\nearrow$), 50%는 $-45°$ 편광($\searrow$)으로 받아들이게 되어, 0인지 1인지 불확실하게 된다. 즉 갑이 비트를 보내는 방식과 을이 측정하는 방식이 같으면 0이든지 1이든지 똑같은 비트를 두 사람이 나누어 가지게 되고, 보내는 방식과 받는 방식이 다르면 50대 50 확률로 두 사람의 비트가 같을 수도 있고 다를 수도 있게 된다.

정리해보자. 갑이 0과 1을 두 가지 방식의 편광으로 마구잡이로 만들어 보내고, 을은 마구잡이로 두 가지 방식으로 측정한다. 이제 갑과 을은 자신들이 보내고 측정한 비트 값이 0인지 1인지에 대해서는 밝히지 않고, 특정 광자를 갑은 어떤 방식으로 보냈고 을은 어떤 방식으로 측정했는지에 대해서만 발표한다. 이제 두 사람은 서로 같은 방식으로 보내고 측정한 광자에 대해서는 0인지 1인지 밝힐 필요도 없이 같은 비트임을 확신할 수 있고, 이것들만 모으면 두 사람은 똑같은 난수를 나눠 가진 셈이 된다.

여기서 가장 간단한 형태의 양자 불확정성 원리를 엿볼 수 있다. 입자의 양자 파동함수는 위치를 기준으로 나타낼 수도 있고, 운동량을 기준으로 나타낼 수도 있다. 입자의 위치를 정확하게 알면 운동량(또는 속도)이 불확정해지고, 운동량을 정확히 알면 위치가 불확정하게 된다고 한다. 앞에서 말한 단일 광자의 편광상태에 대해 ㄱ 방식으로 나타낼 수도 있고 ㅅ 방식으로 나타낼 수도 있는데, ㄱ 방식으로 측정되어 0(수평편광)이 되면 ㅅ 방식으로는 0(45° 편광)인지 1(-45° 편광)인지 불확정하게 되고, ㅅ 방식으로 측정되어 1(-45° 편광)이 되면 ㄱ 방식으로는 0(수평)인지 1(수직)인지 불확정하게 된다.

최대 얽힘 상태를 이용한다

한 큐비트의 양자 상태가 $|0\rangle$과 $|1\rangle$처럼 서로 배타적인 상태의 중첩이 될 수 있는 것처럼, 큐비트 두 개가 서로 배타적인 상태의 중첩이 될 수 있다. $|0\rangle|0\rangle$, $|0\rangle|1\rangle$, $|1\rangle|0\rangle$, $|1\rangle|1\rangle$ 등 네 가지 경우가 중첩되면서 각 큐비트 상태의 곱이 아닌 경우 두 큐비트가 얽힘(entanglement) 상태에 있다고 한다. 그중에서도 $|0\rangle|0\rangle + |1\rangle|1\rangle$은 최대로 얽힌 상태라고 하는데, 이것은 $\{a|0\rangle + b|1\rangle\}$ $\{c|0\rangle + d|1\rangle\}$처럼 곱의 형태로 쓸 수 없다. 이 상태는 ㄱ 방식으로 쓴 것이라서 ㅅ 방식으로 써보면, $|0\rangle = |+\rangle + |-\rangle$, $|1\rangle = |+\rangle - |-\rangle$로 쓸 수 있으므로 다음과 같다. 단 다음에서 전개 계수들은 같은 값이어서 모두 생략했다.

$$|0\rangle|0\rangle + |1\rangle|1\rangle$$
$$= \{|+\rangle + |-\rangle\} \{|+\rangle + |-\rangle\} + \{|+\rangle - |-\rangle\} \{|+\rangle - |-\rangle\}$$
$$= |+\rangle|+\rangle + |-\rangle|-\rangle$$

이 최대 얽힘 상태에 대해 첫 번째 큐비트를 ㄱ 방식으로 측정하면 0과 1이 반반씩 나온다. 가령 이 첫 번째 큐비트가 $|0\rangle$으로 측정되면 두 번째 큐비트는 자동적으로 $|0\rangle$일 수밖에 없다. 이제 이 큐비트를 ㄱ 방식으로 측정하면 100% $|0\rangle$이 되겠지만, ㅅ 방식으로 측정하면 $|0\rangle$은 $|+\rangle$과 $|-\rangle$의 중첩이어서 0과 1이 반반씩 나오게 된다. 즉 이 최대 얽

스마트폰 '갤럭시 A퀀텀'에 장착된 양자난수생성기(QRNG) 칩세트. 가로와 세로가 2.5mm로 크기가 손톱보다 작다. ⓒ IDQ

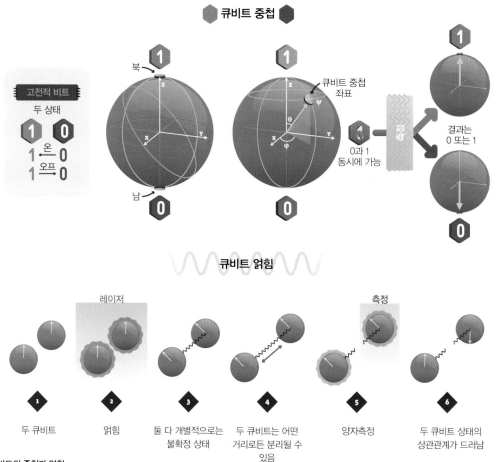

큐비트 중첩

고전적 비트
두 상태

1 0
1 온 0
1 오프 0

북 1

큐비트 중첩 좌표

0과 1 동시에 가능

측정

결과는 0 또는 1

남 0

큐비트 얽힘

레이저

측정

① 두 큐비트

② 얽힘

③ 둘 다 개별적으로는 불확정 상태

④ 두 큐비트는 어떤 거리로든 분리될 수 있음

⑤ 양자측정

⑥ 두 큐비트 상태의 상관관계가 드러남

큐비트의 중첩과 얽힘
0과 1 둘 중 하나만 가능한 고전적인 비트와 달리 큐비트는 양자물리학적인 중첩에 의해 0과 1이 동시에 될 수 있다. 물론 측정에 의한 결과는 0이나 1로 귀결된다. 그리고 큐비트 2개가 서로 배타적인 상태의 중첩이 될 수 있는데, 각 큐비트의 상태의 곱이 아닌 경우 두 큐비트가 얽힘 상태에 있다고 한다. 측정하는 순간 두 큐비트의 상태가 결정된다. 이는 두 큐비트의 거리와 상관없다. 양자 얽힘을 이용하면 양자암호키 분배, 양자텔레포테이션 등이 가능하다.

힘 상태를 나누어 가진 양쪽에서 같은 방식으로 측정하면 0과 1이 마구잡이로 반반씩 나오면서 양쪽에서 같은 비트를 가지게 된다. 이렇게 얽힘 상태가 가진 양쪽의 상관관계를 이용해 양자암호키 분배를 할 수도 있다.

2020년 5월 14일 국내 기업이 양자난수발생기를 최초로 스마트폰에 탑재했다는 발표가 있었다. |+⟩ 상태를 ㄱ 방식으로 측정하면 어떤 결과가 나올지 도무지 예측할 수 있는 결정론적인 과정이 없고, 확률적으로 반반씩 |0⟩또는 |1⟩이 나오므로, 양자측정 과정을 사용하면 그냥 난수는 얼마든지 만들 수 있고, 정보 보안 등에 어느 정도 유용성이 있

다. 이것보다 좀 더 어렵고 훨씬 유용한 것은 양자 얽힘을 만들어 얽힘의 양쪽에서 측정해 양쪽에 상관관계가 있는 난수를 만드는 것이다.

이 글에서는 다루지 않지만, 이 최대 얽힘 상태를 이용해 양자텔레포테이션(quantum teleportation, 양자원격전송)을 할 수도 있다. 주의할 점은 양자상태를 복사하는 것은 불가능하며, 양자텔레포테이션을 하면 원래의 상태는 없어지고 전송된 상태만 복원되며, 전송과정이 완결되기 위해 원래 있던 곳에서 벨측정을 하여 그 결과를 얽힘 쌍의 다른 곳으로 보내어 복원과정을 거쳐야 하므로 빛보다 빨리 보낼 수도 없다.

여태까지 양자암호와 양자컴퓨터에 대해 서술한 것은 아주 이상적인 상황에 대해 가정한 것이다. 양자암호기술에 막대한 투자를 아끼지 않는 중국은 베이징에서 상하이까지 약 2000km에 걸쳐 양자암호망을 설치했으나, 실제로는 짤막짤막한 양자암호망을 연결한 것에 지나지 않는다. 인공위성에서 내려주는 얽힌 광자를 이용한 양자암호망을 만들었지만, 수천만 쌍의 광자 중에 겨우 1비트를 건지는 정도로 효율이 낮다. 그뿐만 아니라 양자컴퓨터로도 풀 수 없는 문제를 이용한 수학적 암호방식인 초양자 암호(post-quantum cryptography)의 연구도 활발히 이루어지고 있다.

결잃음, 양자오류는 극복해야 할 문제

고전적 디지털 컴퓨터의 소프트웨어나 운영체제는 양자물리학과 전혀 관계가 없고, 이를 하드웨어로 구현하는 데에는 양자물리학의 역할이 결정적이다. 양자컴퓨터는 양자물리학이 하드웨어뿐 아니라 소프트웨어와 운영체제의 원리로도 쓰인다. 문제는 양자적인 중첩이나 얽힘을 이론이 아니라 실제 하드웨어로 구현하고 유지하는 것이 극도로 어렵다는 점이다.

예를 들어 $|+\rangle$상태는 $|0\rangle$과 $|1\rangle$이 중첩된 상태이지만, 이 큐비트의 주변에는 끊임없이 이 큐비트와 상호작용을 하려는 경향이 있다.

관측자가 의도적으로 이 큐비트를 조작하거나 측정하기 위해 상호작용을 할 수도 있지만, 의도되지 않은 상호작용에 의해 주변과 얽히게 되면 이 큐비트는 더 이상 중첩상태가 아니라 확률적으로 두 가지 특정상태로 변환된다. 큐비트와 주변을 합하여 보면 얽힘이지만, 제어할 수 없는 주변을 제외하고 큐비트만을 보면 양자물리학적인 특성인 결맞음(coherence)을 잃어버린 상태가 된다. 이를 '결잃음(decoherence)'이라고 하는데, 양자컴퓨터를 비롯한 여러 양자 기술의 최대의 적으로서 '양자잡음(noise)'이라고 표현할 수 있다. 결잃음은 양자상태에 대한 의도되지 않은 주변과의 상호작용일 수도 있고, 주변에 의한 측정이라고도 할 수 있다. 디지털 컴퓨터로는 계산을 하는 중에 중간 진행상황을 계속 들여다볼 수 있지만, 양자컴퓨터는 계산이 다 끝날 때까지 기다려야 한다. 들여다보는 순간 양자상태는 측정되고 결잃음이 일어나 더 이상 양자컴퓨팅이 아니게 된다.

이 상황은 우리나라 전설로 내려오는 이야기를 생각나게 한다. 어떤 선비가 한양에 과거시험을 보러 가다가 밤이 되어 산에서 길을 잃었다. 마침 멀리 불이 켜진 오두막이 있어 가서 하룻밤 신세를 지게 된다. 다음 날 떠나려고 했는데 집주인 과부 아씨가 너무도 매력적이어서 하루 이틀 핑계를 대고 계속 머물게 된다. 과부 아씨가 이 선비에게 정히 자신과 해로할 뜻이 있다면 자신의 방에서 무슨 일이 일어나는지 들여다보지 말고 며칠만 참아달라고 부탁한다. 선비는 약속했지만 어느 날 너무나도 궁금하여 창호지에 구멍을 내고 살짝 들여다보는 순간, 펑 소리가 나면서 꼬리가 아홉 달린 여우가 튀어나왔다고 한다. 양자컴퓨터가 계산을 하는 동안에는 결잃음이 일어나지 않도록 극도로 조심스럽게 다뤄야 한다.

처음 양자컴퓨터의 아이디어가 나왔을 때 많이 받았던 비판 중의 하나는 양자컴퓨터가 또 다른 아날로그 컴퓨터가 아니냐, 오류수정이 불가능할 것이라는 비판이었다. 아날로그 컴퓨터는 0과 1이라는 비트를 쓰는 디지털 컴퓨터와 달리 실수(real number)를 다룬다. 문제는 정보

처리 과정이 비선형적이라는 점이다. 비선형동역학 연구에 의하면 실수로 주어진 초기 조건에 조그만 오류라도 있으면 순식간에 지수함수적인 증폭이 일어나 오류수정이 불가능해지기 때문이다. 그에 비해 디지털 컴퓨터는 0과 1의 구분이 분명해서 오류수정이 쉽다. 광학장치를 이용한 아날로그식 푸리에 변환은 많이 연구됐지만, 숫자가 커질수록 해상도 문제로 인한 오류가 심각해져서 크게 발전하지 못했다. 일반적인 양자상태 $|\psi\rangle = \alpha |0\rangle + \beta |1\rangle$처럼 복소수를 사용해 중첩을 나타내고, 복소수도 일반적으로 실수로 나타내므로, 큐비트는 아날로그적인 것 아니냐는 비판은 당연한 것이었다.

1995년 피터 쇼어는 결잃음에 의한 큐비트의 오류를 수정할 수 있는 양자 코딩 방식을 발표했다. 그 이후 광범위한 연구가 이루어지면서 원리적으로 양자 오류로 인한 근본적인 장애가 해결되고 있다. 그렇지만 여전히 양자 오류 수정은 지극히 어려운 문제이다.

양자컴퓨터의 하드웨어는 오리무중

디지털 컴퓨터의 하드웨어는 실리콘 기술을 바탕으로 하고 있지만, 양자컴퓨터의 하드웨어는 아직도 어떤 것이 될지 감도 잡을 수 없다. 2001년 IBM이 액체상태의 분자에 있는 큐비트 7개를 핵자기공명(NMR) 방식으로 조작하여 15를 소인수분해하는 데에 성공한 바 있다. 하지만 이후 액체상태 NMR 양자컴퓨터는 별로 연구되지 않고 있다. 이 방식으로는 큐비트 개수를 늘려나갈 수 없기 때문이다. 요즘에는 전자기장으로 덫(trap)을 만들고 여기에 양전기를 띤 이온 큐비트를 가두어 만드는 이온트랩 양자컴퓨터와, 조셉슨 소자(초전도 재료가 극저온에서 전기저항이 0이 되는 현상을 이용한 논리소자로 기존 실리콘 소자보다 스위칭 속도가 10배 이상 빠르다)를 인공원자 큐비트로 사용하는 초전도 양자컴퓨터가 50개 정도씩의 큐비트를 운영하면서 대세를 이루고 있다. 물론 여전히 결잃음 또는 잡음 문제와 큐비트의 개수에 있어서

구글은 2019년 10월 23일 양자우월성을 달성했다고 발표했다. 사진은 양자컴퓨터와 함께 있는 순다르 피차이 구글 CEO.
© Google

2020년 1월 9일 미국 라스베이거스에서 열린 '국제 소비자가전 전시회(CES)'에서는 IBM이 'IBM 큐 시스템 원(IBM Q System One)' 양자컴퓨터를 공개했다.

갈 길이 멀다.

이온트랩 방식과 초전도 방식을 비교해 보자. 이온은 자연이 만들어 준 큐비트로서 아무리 개수가 많더라도 완전히 똑같고 시간이 지나도 변하지 않는 장점이 있지만, 전자 기력에 의해 제어를 하는 데 있어서 불안정성 등 여러 가지 문제가 있다. 초전도 방식은 수많은 큐비트를 만들 수 있지만, 조셉슨 소자를 아무리 잘 만들어도 열이면 열 모두 조금씩 다르고 운영할 때마다 그 특성을 파악해야 하는 문제가 있다.

그래서 최근에는 어느 정도의 잡음을 허용하고[Noisy], 많지 않은 개수의 큐비트로[Intermediate Scale] 양자[Quantum] 연산장치를 만들면서 본격적인 훗날을 도모하자는 NISQ 연구가 진행되고 있다. 양자컴퓨터의 성능을 비교하기 위해 단순히 큐비트 개수뿐만 아니라 결잃음이 일어나기 전에 얼마나 많은 연산을 할 수 있는지 하는 깊이(depth)까지 고려한 양자 볼륨(연결, 게이트 및 측정 오류 등을 고려한 유효 큐비트)도 사용되고 있다. 그 외에도 다이아몬드 같은 고체 결정 내의 결함 부분을 큐비트로 사용한다든가, 양자점(quantum dot)을 큐비트로 사용하는 식으로 다양한 아이디어가 경쟁을 벌이고 있다.

언제쯤 제대로 된 양자컴퓨터가 나올까?

양자컴퓨터는 이론적으로 원리적으로 매력적이어서 1990년대 후반부터 수많은 연구자들이 뛰어들었고, 낙관론이 지배했다. '언제쯤 제대로 된 양자컴퓨터가 나올까?'라는 질문에 답은 여태까지 미래로 미루어져 왔다. 항상 미뤄지는 미래는 결코 올 수 없다.

2019년 10월 구글은 자신들이 양자우월성을 달성했다고 주장했

다. 53개의 초전도 큐비트로 마구잡이 과정의 시뮬레이션을 200초 만
에 마쳤는데, 세계 최고의 슈퍼컴퓨터로 1만 년이 걸릴 계산이라고 했
다. 역시 비슷한 진도로 초전도 양자컴퓨터를 개발하고 있는 IBM은 그
정도로는 양자우월성을 입증할 수 없다고 하며, 같은 계산을 자신들의
디지털 슈퍼컴퓨터로 2만 초에 해냈다고 주장했다.

이번에 구글이 푼 문제는 아주 유용한 문제라기보다는 디지털 컴
퓨터로는 어렵지만 양자컴퓨터로는 쉽게 할 수 있는 인위적인 문제를
만들어 해봤다는 데에 의의가 있다. 마치 이솝 우화에 나오는 여우가 두
루미를 초청하여 접시에 맛있는 수프를 대접하며, 자신은 접시를 핥아
먹으면서 긴 부리를 가진 두루미는 맛도 못 보게 하는 것과 같은 문제
이다.

그럼 언제 제대로 된 양자컴퓨터가 나올까? 현재 우리가 쓰는 스
마트폰을 비롯한 디지털 컴퓨터를 대체하게 될까? 우선 디지털 컴퓨터
는 계속 발전할 것이고, 그 역할을 양자컴퓨터가 대체하지는 않을 것이
다. 양자컴퓨터는 디지털 컴퓨터가 하지 못하는 역할을 함으로써 완전
히 새로운 문제를 풀고, 새로운 문제를 제기할 것이다. 제대로 된 양자
컴퓨터가 만들어진다면 말이다.

미래 교통, 플라잉카

김청한

인하대학교 컴퓨터공학과를 졸업하고, 《파퓰러 사이언스》 한국판 기자와 동아사이언스 콘텐츠사업팀 기자를 거쳐 현재는 《사이언스 타임즈》 객원 기자로 활동하고 있다. 음악, 영화, 사람, 음주, 운동처럼 세상을 즐겁게 해 주는 모든 것과 과학 사이의 흥미로운 연관성에 주목하고 있으며, 최신 기술이 어떤 식으로 사람들의 삶을 변화시키는지에 대해 관심이 많다. 지은 책으로는 『과학이슈 11 시리즈(공저)』가 있다.

플라잉카는 미래 교통을 어떻게 바꿀까?

보잉의 자회사인 보잉
넥스트가 명품 자동차
생산업체인 포르쉐와 함께
연구해 2019년 10월 공개한
플라잉카의 콘셉트 사진.
ⓒ 포르쉐

관광과 도박의 도시, 미국 네바다주 라스베이거스는 1년에 한 번씩 첨단 과학기술의 성지로 변신한다. 매년 초가 되면 열리는 '국제 소비자 가전 전시회(Consumer Electronics Show, CES)' 덕분이다. 지난 1월 7일부터 10일까지 진행된 'CES 2020'에서도 '사람의 도움 없이 스스로 운전하는 자율주행차', '가상현실 및 증강현실을 활용한 디지털 의료'처럼 온갖 신기한 기술들이 전시돼 많은 이들의 관심을 모았다.

그중에서도 유독 사람들의 시선을 끈 주인공이 있다. 미래 교통수단으로 주목받고 있는 '플라잉카(flying car)'가 그것이다. 일명 개인형 항공기(Personal Aerial Vehicle, PAV)라고도 불리는 플라잉카를 통해 인류는 하늘을 날고 싶다는 욕망을 일상의 영역까지 끌어오게 됐다.

그렇다면 영화 속에서나 상상이 가능했던 미래 교통수단, 플라잉카는 어떤 모습으로 우리에게 다가오고 있을까. 각 기업들이 개발 중인 플라잉카 모델을 살펴보면서 그 실체를 알아보도록 하자.

수직 이착륙 가능한 드론형이 '대세'

글로벌 항공우주 전문회사, 신생 스타트업에서부터 전통적인 자동차 개발회사와 반도체, 인공지능 전문 기업에 이르기까지. 현재 플라잉카를 개발 중인 기업은 우리 생각보다 많이 존재한다. 현재 약 200여 곳에서 개발에 도전하고 있으며, 전문가들은 10년 내로 플라잉카를 타고 이동하는 모습을 어렵지 않게 볼 수 있을 것으로 예측하고 있다.

그만큼 그 종류도 다양하다. 글로벌 시장조사 및 컨설팅 기관인 프로스트 앤드 설리번(Frost & Sullivan)은 2017년 발간한 보고서 '플라잉카의 미래, 2017–2035(Future of Flying Cars, 2017–2035)'를 통해 수많은 플라잉카의 종류를 크게 4가지로 정리했다. 즉 도로주행 가능 항공기형, 도로주행 가능 자이로콥터형, 승객·화물수송 드론형, 호버바이크형이 그것이다.

이 중 현재 많은 이들이 주목하고 있는 대세가 드론형이다. 활주거리 없이 수직으로 이착륙할 수 있기에 효율적인 공간 사용이 가능하고, 일반 자동차 수준으로 승객이나 화물을 실어 나를 수 있기 때문이다. 여기에 소음 역시 기존 항공기에 비해 적기 때문에 도시에서 주로 운영될 자율주행 비행 택시 등에 최적화된 것으로 평가받고 있다.

거대 항공기 개발사로 유명한 보잉(Boeing)은 2019년 1월 23일(현지 시각) 미국 버지니아주의 한 공항에서 자율주행 항공기 프로토타입의 시험 비행에 성공했다. 길이 9m, 폭 8.5m의 이 프로토타입 항공기는 별다른 활주 없이 수직으로 떠올라 공중에서 1분간 머무르는 모습을 보였다. 플라잉카 개발에 참여하는 수많은 기업을 향한 일종의 선전포

고였다.

전기 배터리를 통해 구동되는 이 프로토타입 비행체는 50마일(약 80km)까지 자율적으로 비행할 수 있다. 신기한 것은 헬리콥터와 드론, 고정익 비행기의 특징을 모두 갖추고 있다는 점이다. 마치 거대한 드론 위에 고정익 경비행기를 얹고, 그 뒤에 프로펠러를 달아놓음으로써 각 장점을 모두 취한 모습이다.

보잉은 플라잉카 등 미래 교통에 대한 시장을 선도하기 위해 보잉 넥스트(Boeing NeXt)라는 전담 부서를 신설하고 자율주행 시스템의 선구 기업인 오로라 플라이트 사이언스(Aurora Flight Sciences)를 인수하면서 플라잉카 개발에 심혈을 기울여 왔다. 또한 명품 자동차 생산업체인 포르쉐와 업무협약을 체결해 도심 지역의 항공 수요를 연구하고 자율 비행 택시를 운영하기 위한 관련 인프라 및 시스템 구축을 함께하기로 했다.

현대자동차, 우버와 손잡고 반격

이에 대응하는 다른 기업들의 반격도 만만찮다. 그 최선봉에서 맹렬히 질주하고 있는 기업이 공유 차량 개념을 선보이며 교통계의 혁신을 불러왔던 우버(Uber)다. 비록 하드웨어 제작 능력은 떨어지지만, 공유 네트워크 운영, 인터페이스 구축 등에 관련된 모바일 플랫폼 기술을 바탕으로 해서 우버에어(Uber Air)라는 플라잉 택시 서비스로 도전장을 내밀고 있다.

가장 중요한 기체 제작은 협업으로 해결한다. 오로라 플라이트 사이언스를 비롯해 조비 항공(Joby Aviation), 피피스트렐 에어크래프트(Pipistrel Aircraft), 전트 에어 모빌리티(Jaunt Air Mobility) 등 여러 제조업체와 손을 잡고 다양한 플라잉카 콘셉트를 준비하고 있다. 이를 통해 우버는 2023년에는 본격적인 플라잉 택시 서비스를 상용화하겠다는 계획이다.

그중에서도 가장 주목받고 있는 것이 현대자동차와의 협업이다. 현대자동차가 CES 2020에서 야심차게 내놓은 콘셉트 모델 'S-A1' 역시 보잉의 프로토타입처럼 수직 이착륙이 가능해 공간 활용이 뛰어나다.

현대자동차가 CES 2020에서 야심 차게 내놓은 플라잉카 콘셉트 모델 'S-A1'.
ⓒ 현대차 그룹

특히 이륙할 때는 드론처럼 프로펠러 방향을 위로, 운항 중에는 비행기처럼 프로펠러 방향을 앞으로 향하는 틸트로터 프롭 기술을 적용해 효율성을 더욱 높였다는 설명이다.

총 8개의 프로펠러를 장착한 S-A1은 최대 승선 인원이 5명(조종사 포함), 최대 속도는 시속 290km, 최대 주행거리는 100km에 달해 차세대 교통수단으로도 손색이 없다. 특히 승객이 타고 내리는 약 5분의 시간 동안 비행을 위한 배터리 고속 충전이 가능하기 때문에 따로 충전에 대한 고민을 할 필요가 없다.

여기서 끝이 아니다. 현대자동차와 우버는 일종의 플라잉카 정류장인 허브(Hub)와 그에 딸린 자율주행 셔틀(목적 기반 모빌리티, PBV)까지 개발해 전반적인 플라잉카 운행의 인프라 자체를 구축한다는 계획이다.

현대자동차가 구상하는 도심 항공 모빌리티(UAM). 우버와 함께 일종의 플라잉카 정류장인 허브(Hub)와 그에 딸린 자율주행 셔틀(PBV)까지 개발할 계획이다. ⓒ 현대차 그룹

도심 항공 모빌리티(Urban Air Mobility, UAM)라고 불리는 시스템을 개발하기 위해 현대차 그룹은 2019년 미국항공우주국(NASA)에서 항공연구를 총괄하던 신재원 박사를 부사장으로 영입했다. 정의선 수석부회장이 미디어 행사에서 "현대차는 자동차 50%, PAV(Private Air Vehicle 소형항공기) 30%, 로보틱스 20%인 회사가 될 것"이라고 밝히면서 해당 사업에 총력을 다한다는 방침을 피력했다.

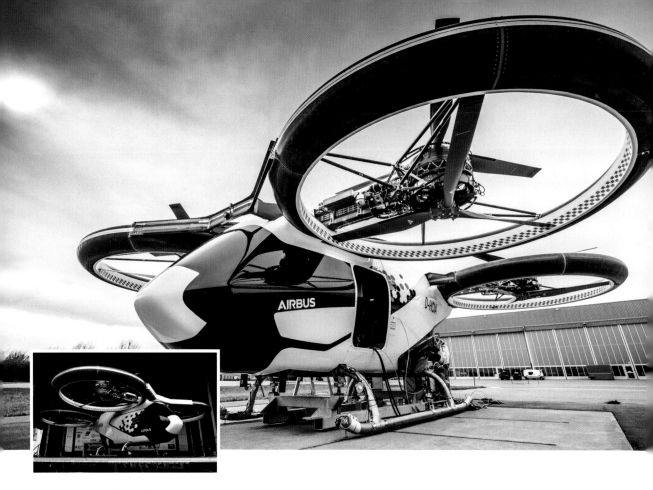

프랑스 항공기 제작업체인
에어버스의 플라잉카 야심작
'시티에어버스'. ⓒ 에어버스

에어버스, 올림픽 열기 타고 날아오를 수 있을까?

유럽에서는 프랑스의 항공기 제작업체인 에어버스(Airbus)의 약진이 눈에 띈다. 에어버스는 2019년 5월에 4인승 드론택시인 시티에어버스(CityAirbus)의 시험 비행에 성공하며 본격적인 플라잉카 경쟁에 뛰어들었다. 시티에어버스는 시속 120km 속도로 약 80km를 주행할 수 있다.

그 성공에 고무된 프랑스 정부는 오는 2024년 파리에서 진행될 제33회 하계 올림픽 경기 대회에 해당 모델을 적극 활용한다는 방침을 세웠다. 올림픽 경기를 구경하기 위해 공항을 방문한 사람들을 경기장까지 데려다주는 일종의 셔틀로 활용하겠다는 것이다. 전 세계의 이목이 집중된 빅 이벤트를 통해 자국의 기술력을 홍보하는 한편, 올림픽 자체의 운영에도 큰 도움이 될 수 있는 일석이조의 기회다.

독일에서는 자동차 명가 메르세데스-벤츠(Mercedes-Benz)로부터 3천만 달러라는 거액의 투자를 받은 볼로콥터(Volocopter)가 눈길을 끈다. 2019년 10월 고층 빌딩이 빼곡한 싱가포르에서 시제품 볼로콥터 2X(Volocopter 2X)의 시연 비행에 성공하며 많은 이들의 시선을 모았다.

무려 18개의 로터로 작동하는 볼로콥터 2X는 최대 속도 시속 110km를 자랑한다. 최대 2명의 승객만 태울 수 있지만, 자율 비행이나 조이스틱을 이용한 원격 조종 모두 가능하다는 장점이 있다. 볼로콥터 사는 2022년까지 볼로콥터 2X의 개량형인 볼로시티(VoloCity)를 양산할 계획이다.

비행 택시를 운영하기 위해 인프라에 투자하는 것 역시 잊지 않았다. 특히 중요한 것이 제대로 된 이착륙시설을 갖추는 일이다. 2019년 10월 싱가포르 해안에 있는 더 플로트 마리나 베이(the Float Marina Bay platform)에 임시로 볼로포트(VoloPort)를 개설했는데, 여기에는 충전설비는 물론 이용자가 휴식을 취할 라운지가 갖춰져 있다. 볼로콥터 사는 향후 도시 차원에서 업무협약을 맺고 정비와 관제 시스템까지 갖춘 볼로포트를 시내 곳곳에 설치해 항공 택시 사업을 궤도에 올릴 구상이다. 현재 싱가포르와 두바이를 최적의 후보지로 고려하고 있다.

떠오르는 드론 강국인 중국의 기세도 무섭다. 그 대표적인 것이 오스트리아 항공업체 FACC와 손잡은 중국 드론 업체 이항(EHang)이다. 세계 최초 자율주행 드론 택시로 유명한 이항 216(EHang 216)은 시

볼로콥터 2X의 개량형인
볼로시티(VoloCity).
ⓒ 볼로콥터

세계 최초 자율주행 드론
택시로 유명한 이항 216이
호텔 주변을 운행하고 있다.
ⓒ 이항

볼로콥터 사에서 개발한
플라잉 택시가 날아서
착륙장으로 향하는 상상도.
ⓒ 볼로콥터

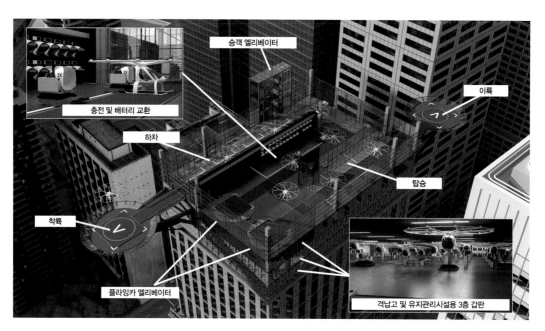

충전 및 배터리 교환

승객 엘리베이터

이륙

하차

탑승

착륙

플라잉카 엘리베이터

격납고 및 유지관리시설용 3층 갑판

볼로포트에 마련된 볼로 허브 시스템의 구성. 플라잉 택시의 이착륙시설과 충전설비, 이용자가 휴식을 취할 라운지 등이 갖춰져 있다.
ⓒ 볼로콥터

속 130km에 이르는 최대 속도를 자랑한다.

최근 이항은 관광 회사 LN 홀딩스와 함께 호텔 관광에 항공 서비스를 결합한 새로운 프로젝트를 진행한다고 밝히기도 했다. LN 가든 호텔에 항공 플랫폼을 구축하고 관련 관광 서비스 및 항공 쇼를 운영한다는 말이다. 실제 이항 216이 호텔 주변을 성공적으로 운행하는 모습을 선보임으로써 많은 관심을 모으고 있다.

경비행기형과 드론의 장점을 하나로? 아우디의 도전

1917년 선보인 커티스 오토플레인. 최초의 플라잉카로 꼽힌다.

다른 하나의 주요 방식인 도로주행 가능 항공기형, 일명 경비행기형 플라잉카는 전통적인 방식의 플라잉카에 가깝다. 1917년 미국의 첫 번째 공식 비행기 조종사 면허 주인공이자 라이트 형제의 라이벌이었던 글렌 커티스(Glenn Curtiss)가 커티스 오토플레인(Curtiss Autoplane)을 선보이면서부터, 경비행기형 플라잉카에 대한 도전은 끊임없이 이어져왔기 때문이다.

이런 경비행기형 모델의 최대 장점은 도로주행이 가능하다는 점이다. 비록 이륙하는 데 활주로가 필요하긴 하지만, 착륙 후에는 도로 위를 주행할 수 있다. 우리가 알고 있는 자동차와 비행기를 더한 느낌이라고 생각하면 된다.

그 대표적인 모델이 테라푸지아(Terrafugia)의 트랜지션(Transition)이다. 미국 매사추세츠공대(MIT) 출신 엔지니어들이 모여 설립한 테라푸지아는 그간 플라잉카 개발에 전념해 온 스타트업이다. 이미 2009년 최초의 트랜지션 모델이 비행에 성공하면서 플라잉카의 비전을 보여주었다. 테라푸지아 사에 따르면 최신 트랜지션 모델은 최대 비행거리가 643km, 최고 속도가 시속 160km에 이르며, 날개를 접다가 펼 수 있어 차고나 주차장에 보관하기도 용이하다.

경비행기형 플라잉카의 대표적인 모델 테라푸지아의 트랜지션. 도로주행이 가능하다는 것이 최대 장점이다.

한편 드론형과 경비행기형 플라잉카의 장점을 합치려는 움직임도 주목할 만하다. 독일의 자동차 브랜드 아우디(Audi)가 자동차 디자인으로 유명한 이탈디자인(Italdesign) 및 에어버스와 함께 진행하는 팝업 넥스트(Pop.Up Next) 프로젝트가 그것이다.

평소에는 초소형 자율주행차로 도로를 질주하다가, 정체 구간이 생겼을 때 드론을 지붕에 장착해 하늘로 날아오른다는 개념이다. 내부에는 음성 인식으로 작동되는 시스템과 대형 모니터를 설치해 사용자의 편의성을 극대화한다는 구상이다. 아우디는 얼마 전 1/4 크기의 프로토타입을 내놓으며 세간의 기대감을 높였다.

아우디의 팝업 넥스트(Pop.Up Next)는 경비행기형과 드론형의 장점을 합친 플라잉카다. ⓒ 아우디

플라잉카, 교통체증 해결할 구세주 될까

이렇게 플라잉카가 각광받는 가장 큰 이유는 무엇보다 교통체증을 줄일 수 있다는 점이다. 현대사회에서 교통체증이 끼치는 악영향은 생각보다 크다. 미국의 교통정보 전문 분석업체 인릭스(INRIX)가 조사한 바에 따르면, 미국 LA, 러시아 모스크바, 영국 런던 등 전 세계 주요 도시 운전자들은 교통정체로 인해 전체 운전시간의 약 15%를 도로 위에서 보낸다고 한다. 이를 연간으로 환산하면 1인당 약 80시간, 즉 3일

미래형 개인항공기(27km, 12분)

김포공항

잠실

승용차(34km, 73분)

미래형 개인항공기로 통행시간 단축

미래형 개인항공기 : 27km, 12분 (84%↓)
승용차 : 34km, 73분(교통혼잡시)

플라잉카에 관련된 시스템이
정비되면, 플라잉카로
김포공항에서 잠실까지
출근하는 데 걸리는
시간이 승용차에 비해 84%
단축된다는 분석도 있다.
ⓒ 국토교통부

이 넘는 시간을 꼬박 낭비한다는 의미다. 우리나라 역시 교통정체로 인한 비효율이 심한 편이다. 2015년 기준으로 우리나라 전체 교통혼잡비용(교통수요 증가에 따른 사회적 비용)은 약 38조 5천억 원으로서 이 중 82%가 대도시권에서 발생하고 있다.

이에 도로, 철도 등 기존 지상교통의 확장을 넘어 플라잉카를 도입한 신개념 3차원 교통망 구축이 절실히 필요한 시점이다. 실제 한국항공우주연구원에 따르면, 현재 개발 중인 전기수직이착륙기(eVTOL)가 상용화될 경우 서울 시내 자동차 평균 이동시간을 약 70%까지 줄일 수 있을 것으로 내다봤다. 이와 함께 자동차 배기가스로 인한 대기오염 역시 대폭 줄어들 것으로 보인다.

의료 분야에서도 플라잉카의 활용도는 높다. 긴급한 환자를 신속하게 이송해 골든타임을 사수할 수 있고, 수술용 장기 및 의료 샘플의 긴급 수송에 드는 시간을 절약할 수도 있다. 이 밖에 플라잉카는 자연재해 감시, 관광 및 오락용, 국가 보안시설 감시, 제초제 및 비료 투여 등 다양한 용도로 활용 가능할 것으로 보인다.

이렇게 쓰임새가 많기 때문에 플라잉카 관련 시장은 앞으로 가파르게 확대될 것으로 예상된다. 글로벌 투자전문 회사인 모건스탠리(Morgan Stanley)는 관련 시장 규모를 2030년에는 약 3,221억 달러(우리 돈 385조 원), 2040년에는 1조 4,739억 달러(약 1,709조 원)로 전망하고 있다. 바야흐로 플라잉카의 전성시대가 머지않았다.

안전 확보가 무엇보다 중요한 이유

물론 앞으로 닥칠 플라잉카 시대는 공짜로 오지 않는다. 기술, 제도, 인프라 등 여러 면에서 새로운 혁신을 맞이할 준비가 필요하기 때문이다. 향후 플라잉카 시대를 대비해 갖춰야 할 조건을 정리해 보자.

가장 많은 사람들이 걱정하는 것이 운행의 안전성 확보다. 고정된 지면에서 운행하는 자동차와 달리 플라잉카는 바람이나 비 등 기상 상태에 영향을 받을 가능성이 있다. 이는 직접적인 안전에 영향을 끼치는 요인이기에 플라잉카 시대를 맞이하기 위해서는 필수적으로 해결해야 하는 요인이기도 하다.

특히 고민해봐야 할 지점은 사고의 피해 규모다. 일반적으로 차량끼리 부딪쳐 벌어지는 기존의 교통사고와는 달리 플라잉카의 교통사고는 추락을 야기할 수 있기에 그 피해 규모가 비교할 수 없는 수준이다. 주로 도심에서 운영될 가능성이 높으므로 탑승객은 물론이고 지상에 있던 사람이나 건물이 큰 피해를 입게 될 것이다.

이 때문에 기체의 안전성을 확보하기 위한 기술이야말로 플라잉카 확산의 핵심이 될 것으로 보인다. 여기서 중요한 기술이 복합 안전구조 메커니즘(Fail-Safe Mechanism)으로, 설비나 장치 일부가 고장 나거나 파괴되더라도 나머지 구조가 이를 견디도록 설계하는 것이다. 예를 들어 다수의 모터를 달아 운행 도중 일부 로터가 작동하지 않는 등의 이상 상황이 발생하더라도 추락이라는 최악의 상황을 막을 수 있다.

이 밖에 자율비행 도중 다른 플라잉카와의 충돌을 방지하는 기술도 필요하다. 라이다(LiDAR), 고해상도 카메라, 이미지 센서 등을 통해 주변 물체를 3차원으로 인지하고, 이를 인공지능(AI)이 실시간으로 분석해 충돌을 회피하는 시스템이 대표적이다. 돌발 상황이 자주 발생하고 인식해야 할 물체가 많은 지상에 비해 하늘길은 상대적으로 난이도가 낮기 때문에 플라잉카의 자율비행은 자율주행차의 운행보다 좀 더 수월하게 여겨지는 분야이기도 하다.

만약의 사태를 대비한 승객 탈출 시스템 등도 안전을 위해 빼놓을 수 없는 기술이다. 이와 관련해 정부는 미국, 유럽 등을 벤치마킹해 엄격한 플라잉카 안전 인증체계를 수립하고, 기체에 대한 KS규격을 마련하겠다는 입장이다.

리튬이온 전지를 뛰어넘어야

기술적인 면에서 플라잉카 시대를 이끌어 갈 가장 중요한 이슈는 역시 배터리다. 배터리 충전이 얼마나 빨리 진행되는지, 한 번 충전에 이동 가능한 거리는 어느 정도인지, 그리고 배터리 무게는 어느 정도인지에 따라 플라잉카의 직접적인 성능이 갈리기 때문이다. 특히 이착륙 시 대량의 에너지가 필요하기에 배터리의 성능이 부족하다면 직접적인 위험이 발생할 가능성도 있다.

현재 대부분의 전기차와 플라잉카에서는 기본적으로 리튬이온 배터리를 채택하고 있다. 양극(+)에서 나온 리튬이온이 전지 내부의 전해질을 통해 음극(−)에 저장되거나 방출되는 과정을 통해 전기를 충전하고 생산한다. 원소기호 3번인 리튬은 폭발성이 강하다는 단점이 있지만, 전자를 쉽게 내놓아 양이온이 잘되는 성질이 있어 전기에너지 변환 능력이 좋다. 이 덕분에 결과적으로 높은 전압을 낼 수 있고 충전을 빠르게 할 수 있기에 리튬이온 배터리는 스마트폰을 비롯한 거의 모든 전자기기에 사용되고 있다.

그러나 리튬이온 배터리에도 분명 단점은 존재한다. 가장 큰 문제는 최고 장점이었던 단위 무게당 에너지 밀도가 이론상 그 한계를 보인다는 것이다. 지금보다 더 강력한 배터리를 만들면 폭발의 위험이 급속도로 늘어나기에 무턱대고 용량을 늘릴 수도 없다. 이 때문에 리튬이온 배터리를 바탕으로 한 배터리 성능은 즉각적인 상용화와는 거리가 있다는 것이 많은 전문가들의 분석이다. 현재 플라잉카가 운행 가능한 실질적인 최대시간은 약 30분에 머물러 있는 수준이다.

이와 함께 양극재에 쓰이는 니켈, 망간, 코발트 등의 자원은 매장량이 부족하다는 점도 한계 중 하나로 꼽힌다. 이 때문에 관련 자원 공급 이슈에 따라 배터리 가격이 쉽게 요동치게 된다는 점도 관련 산업에서 무시할 수 없는 장애물이다.

결과적으로 플라잉카의 성공 여부는 리튬이온 배터리의 한계를 어떻게 극복하느냐에 달렸다. 이를 위해 내부 액체 전해질을 고체로 변경해 안전성을 높인 전고체 배터리를 비롯해 나트륨 이온 배터리, 수소전지처럼 리튬이온 배터리를 대체할 차세대 2차 전지에 대한 연구가 한창 진행되고 있다. 그럼에도 불구하고 만약 상용화 시점까지 만족할 만한 성과가 나오지 못하는 경우 가솔린 및 제트유 기반의 발전기를 별도로 부착하거나 일반 연료전지를 활용해 부족한 에너지를 보강하는 등의 다른 방법을 찾아야 할 것으로 보인다.

가벼우면서도 튼튼한 소재를 만드는 것 역시 필수요소다. 이를 위해 과학자들이 주목하고 있는 것이 두 가지 이상의 재료를 혼합해 만드는 복합소재다. 특히 주목받고 있는 소재가 탄소섬유(carbon fibers)다. 탄소섬유란 말 그대로 탄소를 주성분으로 한 섬유를 뜻한다. 탄소 원자들이 육각 고리 결정 모양으로 구성돼 있어 가벼우면서도 단단한 성질을 갖는다. 일반적으로 철의 20% 수준의 무게임에도 불구하고 강도는 철의 10배 수준으로 알려져 있으며, 열에도 무척 강하기에 그 활용도가 매우 높은 소재다.

이런 탄소섬유에 플라스틱을 결합하면 어떻게 될까. 탄소섬유 특유의 장점과 플라스틱의 우수한 성형성이 더해져 그야말로 이상적인 신소재가 되는데, 이를 탄소섬유강화플라스틱(CFRP)이라 한다. 이런 탄소섬유강화플라스틱을 필두로 하여 무게와 강도라는 두 마리 토끼를 모두 잡기 위한 소재 개발 연구가 한창 진행되고 있다.

꼭 필요한 이착륙장, 어디가 좋을까

무엇보다 플라잉카 활성화에서 빼놓을 수 없는 부분이 인프라 구축이다. 특히 버스 운행에서도 정류장이 꼭 필요하듯이 플라잉카도 접근성 높은 이착륙장 및 충전시설을 상당 수준 이상 갖춰야 한다.

그렇다면 실제 적용될 이착륙장은 어떤 모습일까. 현재 이 분야에서 가장 두각을 나타내고 있는 우버는 버티포트(Vertiport)와 버티스톱(Vertistop)이라는 두 가지 개념을 제안하고 있다.

먼저 버티포트는 최대 12대의 플라잉카를 수용할 수 있는 이착륙 시설을 말하는데, 충전이나 정비를 위한 지원 인력들이 상주하기에 그 규모가 상당하다. 당연히 일반적인 도심에 이를 설치하는 것은 쉬운 일이 아니다. 이 때문에 미국항공우주국(NASA) 등에서는 국토의 자투리 공간을 활용한 몇 가지 대안을 제시하고 있다.

첫 번째는 물 위에 있는 부유식 바지선이나 해양 구조물을 활용하는 것이다. 이미 포화 상태인 도시에서 별도의 설치 공간을 확보하지 않아도 되고 소음 등으로 인한 지역주민의 불편을 최소화하는 방법으로, 현재 뉴욕 및 밴쿠버를 중심으로 활용되고 있는 방식이다. 우리나라에서는 한강 주변의 여유로운 둔치가 적임지로 꼽히고 있다.

기존의 주차장 공간을 활용해도 된다. 특히 지상 주차장 건물의 옥상은 기존 자동차와의 환승을 자동으로 유도할 수 있기에 매력적인 방안으로 보인다. 이와 함께 고속도로 교차로 주변의 유휴공간을 활용하는 방안도 국토 공간 활용성을 극대화하는 좋은 아이디어가 될 수 있다.

다음으로 버티스톱은 버티포트보다 작은 간소한 개념의 이착륙장을 뜻한다. 플라잉카 1대가 화물이나 승객을 가볍게 태우는 장소이기에

우버가 구상 중인 플라잉카 인프라 버티포트. 접근성 높은 이착륙장과 충전시설이 상당 수준 이상 갖춰져 있다. ⓒ 우버

기존의 헬리패드(helipad, 건물 옥상에 있는 헬리콥터 이착륙장)를 적극적으로 활용할 수 있다.

그렇기에 비교적 적은 비용과 투자만으로 설치가 가능하다는 장점이 있다. 최근 영국에서는 이 장점을 바탕으로 플라잉카 시대를 선도하기 위해 건물 옥상만을 구입하는 스타트업이 등장할 만큼 그 효용성을 인정받고 있다.

안정적 시스템 구축과 사이버 보안은 필수

한편 하드웨어만큼 중요한 것이 소프트웨어다. 가장 시급한 사안은 안정적인 교통관리 시스템을 구축하는 것이다. 플라잉카 운행이 점차 늘어나면서 서로의 영역이 겹칠 가능성이 크기 때문인데, 유럽항공안전청(EASA) 분석에 따르면 향후 30년 내로 10만 대의 플라잉카가 하늘을 날아다닐 것으로 전망된다.

이 때문에 다수의 플라잉카가 안전하게 비행하기 위해서는 좀 더 정교한 공역(airspace) 및 비행경로 관리 시스템이 요구된다. 이에 정부는 통신 환경, 기상 조건 등을 감안해 국내 여건에 맞는 한국형 운항기준을 마련하기 위한 민관합동 실증사업(K-UAM 그랜드 챌린지)을 2024년까지 추진한다는 방침이다. 이를 통해 공역(고도), 운항 대수, 회귀 간격, 환승 방식 등에 대한 복합적인 관리 솔루션을 제시하는 것이다.

또 하나 간과할 수 없는 핵심 문제가 바로 사이버 보안(cyber security)이다. 다수의 자율비행 플라잉카가 안정적으로 운행을 하기 위해서는 빠르면서도 신뢰할 수 있는 통신체계가 반드시 필요하기 때문이다. 만약 이 부분에서 혼란을 노린 사이버 공격에 노출될 경우 그 피해 규모는 눈덩이처럼 불어날 것이기 때문에 이에 대한 대비 역시 철저해야 한다.

관련 산업 활성화에 팔 걷은 우리나라

이 밖에도 플라잉카 운행으로 생길 수 있는 사생활 침해, 소음 분쟁처럼 해결해야 하는 논란과 탑승객 보안 검색 기준, PAV 면허 승인 기준처럼 마련해야 하는 제도가 한두 가지가 아니다. 앞서 설명한 이착륙장을 비롯한 제반설비와 그 운영에 대한 면밀한 기준 역시 건설·통신·항행·플랫폼(서비스) 사업자와 정부 지자체가 함께 협의체를 구성해 빠른 시일 내에 마련해야 한다.

이에 우리나라 정부도 팔을 걷어붙이며 플라잉카 산업 활성화에 박차를 가하는 모습이다. 지난 6월에 발표한 '한국형 도심항공교통(K-UAM) 로드맵'을 통해 본격적인 플라잉카 생태계를 구축하겠다고 선언한 것이다. 기본적으로 민간이 관련 인프라 구축 및 기술개발을 주도하고, 정부는 신속히 제도적인 지원을 실시해 2025년부터는 본격적인 상용화에 나선다는 내용이 주요 골자이다.

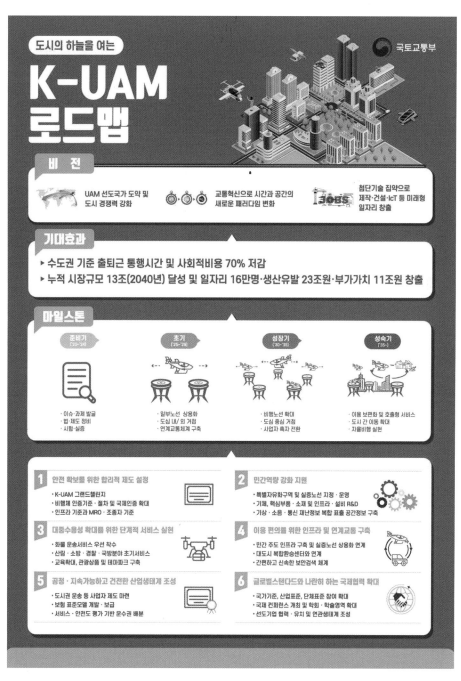

지난 6월 4일 우리나라 정부에서 발표한 '한국형 도심항공교통(K-UAM) 로드맵'. 이를 통해 본격적인 플라잉카 생태계를 구축하겠다고 선언했다. ⓒ 국토교통부

제도적인 지원으로는 각종 법령과 함께 직접적인 인센티브 정책이 눈에 띈다. 현재 전기차 같은 친환경 교통수단을 확대하기 위해 보조금을 지원하는 것과 같이 플라잉카 기체 및 설비를 구매할 경우 보조금을 부여함으로써 초기 단계 확산을 최대한 지원한다는 방침이다. 이와 함께 관련 기술을 확보한 스타트업을 성장시키기 위해서는 아낌없는 금융지원책을 마련하고 있다.

첫 허들 넘어라… 화물, 유인 운전 바탕으로 신뢰 쌓아야

지금까지 플라잉카의 개발 수준과 앞으로의 과제에 대해 알아봤다. 마지막으로 전 세계에서 맹렬하게 준비 중인 플라잉카가 과연 어떤 과정을 통해 우리 옆에 다가올지, 그 가까운 미래를 조금만 전망해 보자.

일단 언론의 장밋빛 기대와는 달리 당장 인력 운송 자체는 쉽지 않을 것이다. 특히 인명이 걸린 일이기에 관련 규제나 법규를 확립하는 데 시간이 어느 정도 소모될 것이기 때문이다. 기술적인 문제가 모두 해결되더라도 경제성 측면에서 민간 사업자가 대규모 투자에 뛰어들 만큼 시장성이 확보돼야 한다. 이와 더불어 이착륙장 같은 인프라 시설을 구축하는 것 역시 시간과 자본이 상당히 소모되는 일이다.

무엇보다 중요한 것은 국민의 인식이다. 새로운 기술에 대한 저항감은 생각보다 드세기 마련인데, 이는 플라잉카보다 대중에게 훨씬 친숙한 자율주행차만 봐도 잘 알 수 있다. 2019년 4월 여론조사업체 입소스(Ipsos)와 로이터통신은 자율주행차에 대한 일반의 인식을 알아보기 위해 2222명을 대상으로 여론 조사를 진행했다. 당시 응답자의 64%가 자율주행차 구매에 부정적 입장을 보였으며, 자율주행차가 더 위험하다고 생각하는 비율도 절반이나 됐다.

문제는 이런 부정적 인식이 산업 활성화에 영향을 미친다는 점이다. 초기 시장 형성 과정에서 정부의 지원과 노력이 필수적인 것을 감안한다면 이는 심각한 문제가 아닐 수 없다. 특히 부정적인 여론이 이어질 경우 시장성 자체에 대한 의구심이 생길 수도 있다.

이에 대한 답은 간단하다. 충분한 운용실적을 확보해 국민들의 불안감을 없애고 그 효용성을 널리 알리는 것이다. 첫 번째 방안은 우선 화물 운송용으로 플라잉카를 활용하는 것이다. 이는 인력 운송에 비해 국민적 저항감이 낮고, 관련 인프라 등에 있어서 그 준비에 대한 요구 수준도 비교적 수월하기에 빠르게 진행이 가능하다.

운행 역시 마찬가지로 단계가 있다. 기본적으로 플라잉카는 대부분 자율비행을 전제로 한 것이지만, 이 역시 그대로 실현되기에는 무리가 있다. 이 때문에 기술이 좀 더 성숙해지기까지 일정 시간 동안은 조종사가 투입돼 실운전을 하는 방안이 고려되고 있다.

결국 유인 조종, 화물 운송 위주로 플라잉카를 운영하며, 보완점을 찾고 신뢰도를 높이는 작업이 몇 년간 필요하다는 지적이다. 그 사이 제도적, 물질적 인프라를 좀 더 확충하고, 지속적인 운항데이터를 바탕으로 국내 기상·도시여건에 맞는 한국형 플라잉카 운용 기준을 정립하는 한편, 기술 수준을 높이는 작업을 통해 좀 더 완벽한 시스템을 구축해야 한다. 그때가 바로 오랫동안 이어진 인류의 교통 체계가 3차원으로 확장되는 혁명의 시기가 될 것이다.

대한민국
입자가속기

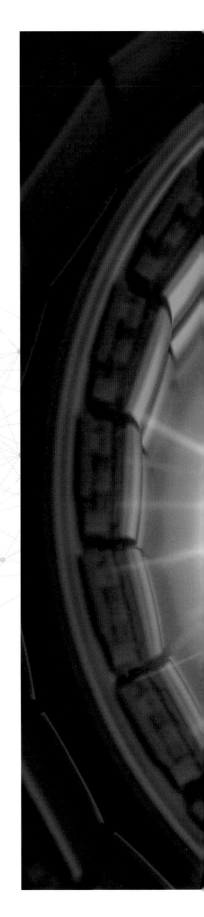

최영준

서강대학교 물리학과를 졸업했고, 현재 동아사이언스 기자다. 지은 책으로는 『자연재해로부터 탈출하라!』, 『화산이 들썩들썩! 백두산이 폭발한다면?』, 『지구가 흔들흔들! 해운대에 지진이 일어난다면?』, 『도시가 깜빡깜빡! 대정전이 일어난다면?』, 『초등학교 때 꼭! 해야 할 재미있는 창의활동 365(공저)』 등이 있다.

우리나라에 가속기가
왜 필요할까?

충북 청주에 설치될 예정인
다목적 방사광가속기(4세대
원형 방사광가속기)의 조감도.
© 충청북도

2020년 5월 8일 과학기술정보통신부가 우리나라에 새로 지을 4세대 원형 방사광가속기의 위치를 충청북도 청주시로 확정했다. 이 가속기가 완공되는 2027년이 되면 우리나라도 가속기 선진국으로 우뚝 설 전망이다. 4세대 원형 방사광가속기는 이미 가동 중인 양성자가속기와 3, 4세대 방사광가속기에 이어 2021년에 완공되는 중이온가속기, 2023년에 구축되는 중입자가속기와 함께 기초과학과 산업, 의료 등 다방면에서 시너지를 낼 수 있기 때문이다.

그런데 가속기의 이름은 왜 이렇게 다양한 걸까. 각자 어떤 특징과 차이점이 있기에 건설비가 많게는 1조 원이나 들어가는 값비싼 시설을 여러 개나 건설하는 걸까. 지금부터 물질 속 분자와 원자 세계를 들여다보는 가속기의 세계를 들여다보자.

가속기 개발은 물질의 근원에 대한 질문에서 시작

먼저 입자가속기가 무엇인지부터 알아보자. 입자가속기의 역사는 1931년으로 거슬러 올라간다. 미국의 물리학자 어니스트 로렌스는 높은 에너지를 가진 입자를 만들기 위해 자기장 안에서 입자를 자기력으로 빠르게 회전시키는 장치를 고안했다. 사이클로트론이라고 불리는 최초의 원형 가속기는 지름이 12cm에 불과했다. 하지만 이후 점점 더 큰 가속장치를 만들었고, 1946년에는 지름이 4.67m에 달하는 거대한 원형 가속기를 만들어 다양한 종류의 입자를 가속했다.

과학자들이 입자를 가속해서 알아보고 싶었던 것은 '물질은 과연 무엇으로 이뤄져 있는가'라는 질문에 대한 답이었다. 이전까지는 물질을 구성하는 기본 입자는 원자이며, 원자는 다시 핵과 전자로 이뤄져 있고, 핵은 양성자와 중성자로 구성돼 있다고 여겼다. 가속기는 당시까지 과학자들이 옳다고 믿던 것을 검증해볼 수 있는 적절한 도구였다. 가속기로 빠르게 가속한 입자를 충돌시켜서 무엇이 나오는지 보면 물질을 구성하는 기본 입자가 무엇인지를 확인할 수 있기 때문이다.

원자 세계를 살펴보기 위해 점점 더 거대한 가속기를 짓게 됐고, 실제로 양성자와 중성자보다 더 작은 입자가 있다는 사실을 알게 됐다. 바로 쿼크라는 입자다. 과학자들은 세계 여러 곳의 가속기를 이용해 입자를 가속한 뒤 충돌시키는 실험을 반복하며 1974~1995년 사이에 6가지 쿼크(업 쿼크, 다운 쿼크, 톱 쿼크, 바텀 쿼크, 참 쿼크, 스트레인지 쿼크)의 존재를 확인했다.

쿼크의 발견으로 가속기가 할 일이 끝난 것은 아니다. 스위스와 프랑스 국경에 있는 유럽입자물리연구소(CERN)는 지름이 무려

1939년 미국 캘리포니아대 로렌스방사광연구소(현 로렌스버클리연구소)에 자리한 152cm 사이클로트론은 당대에 가장 강력한 가속기였다. 글렌 시보그와 에드윈 맥밀란(오른쪽)은 이 장치를 이용해 플루토늄, 넵투늄을 연구하고 초우라늄 원소를 발견해 1951년 노벨화학상을 받았다. ⓒ DOE

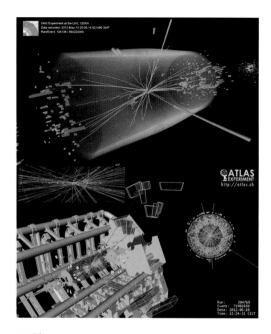

27km에 달하는 입자가속기를 이용해 우주에 존재하는 미지의 입자를 찾고 있다. 2012년에는 힉스 입자라는 미지의 입자를 발견해 해당 입자의 존재를 예측한 물리학자들(피터 힉스, 프랑수아 앙글레르)에게 노벨물리학상을 선물했다.

2012년
유럽입자물리연구소(CERN)의 거대강입자충돌기(LHC)에서 2개의 양성자를 충돌시켰을 때 잡힌 힉스 입자.
아틀라스(ATLAS)와 CMS라는 두 대형검출기에 포착됐다.
© CERN

물질 근원을 탐구하다 얻은 값진 부산물

가속기 기술은 기본적으로 '물질의 근원은 무엇인가'라는 질문에 대한 답을 찾기 위한 과정에서 발전한 것이지만, 결과적으로 기초과학뿐 아니라 공학과 의학, 제약 산업 등 다양한 분야에 파급 효과를 일으켰다. 물질을 구성하는 입자에 대한 지식과 가속한 입자가 나타내는 다양한 특징에 대한 지식이 쌓여가면서 가속기를 활용해 새로운 특성을 가진 물질을 만들거나 병을 치료하고 약을 만드는 식으로 다양한 성과가 쏟아져 나오기 시작한 것이다. 그래서 이제는 가속기를 미지의 입자를 찾기 위해서만 쓰는 것이 아니라 산업과 의료 등 다양한 분야에 활용하고 있다.

유럽입자물리연구소를 방문해 LHC를 둘러본 프랑수아 앙글레르 교수. 2013년 피터 힉스와 함께 노벨물리학상을 받았다. © CERN

대표적인 사례는 신종인플루엔자 치료제인 타미플루를 개발한 것이다. 현재 신종코로나바이러스 감염증이 전 세계를 위협하고 있지만, 신종인플루엔자도 그에 못지않게 위협적인 바이러스다. 2009년부터 2010년까지 1년 동안 전 세계에서 1만 8449명 이상이 신종인플루엔자로 목숨을 잃은 것으로 보고됐다. 다행히 방사광가속기를 이용해 타미플루라는 치료제를 개발하면서 위기를 넘길 수 있었다. 방사광가속기는 마치 병원에서 X선 촬영을 해서 몸속을 들여다보는 것처럼 물질의 내부 구조를 들여다볼 수 있는 가속기다. 이 가속기로 바이러스의 내부 구조를 면밀히 분석해서 바이러스 치료제를 개발한 것이다. 2020년 3월에는 중국 연구진이 방사광가속기를 이용해 신종코로나바이러스의 구조를 밝힌 연구 결과가 발표되기도 했다.

정보통신기술의 핵심인 반도체를 만드는 기업에서도 가속기를 중요하게 활용한다. 시스템반도체 분야에서 삼성전자를 제치고 세계 1위를 달리고 있는 대만의 TSMC는 반도체 성능을 향상하기 위해 방사광가속기를 사용하며, 미국 인텔과 HP 같은 회사도 반도체 소재의 불순물 검사를 정밀하게 하는 데 가속기를 쓴다.

한국, 2027년까지 최소 9개의 가속기 보유

이제 본격적으로 대한민국의 입자가속기에 대해 살펴보자. 정부의 발표대로 2027년 청주에 4세대 원형 방사광가속기가 완성되면 우리나라는 9개의 가속기를 보유하게 된다. 현재 포항에서 3세대, 4세대 방사광가속기가 운영 중이며 2021년에는 대전에 중이온가속기가 들어선다. 또 경주와 서울, 경기도 일산에는 세 대의 양성자가속기가 돌아가고 있다. 그리고 현재 서울과 부산 기장에 구축 중인 중입자가속기는 청주 4세대 방사광가속기에 앞서 완성될 예정이다.

하나도 아니고 무려 9개나 되는 가속기를 만드는 이유는 무엇일까. 가속기마다 가속하는 입자가 다르고, 그에 따라 사용하는 목적도 제각기 다르기 때문이다. 예컨대 방사광가속기는 전자를 가속했을 때 나오는 빛을 이용하는 장치다. 또 양성자가속기는 양성자와 전자 각각 하나씩으로 이뤄진 수소 원자에서 전자를 떼어내 만든 양성자를 가속한다. 중입자가속기는 수소에 비해 무거운 탄소 같은 입

우리나라의 가속기 현황
2027년 청주에 4세대 원형 방사광가속기가 완성되면 우리나라는 9개의 가속기를 보유하게 된다. 현재 서울, 일산, 경주에서 세 대의 양자가속기가 가동되고 있으며, 포항에는 3세대, 4세대 방사광가속기가 운영 중이다. 2021년에는 대전에 중이온가속기가 들어서고, 현재 서울과 기장에 구축 중인 중입자가속기는 청주 4세대 방사광가속기에 앞서 완성될 예정이다.

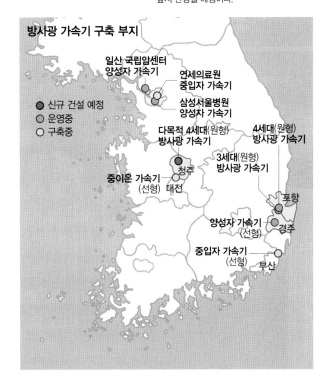

방사광 가속기 구축 부지

일산 국립암센터 양성자 가속기
연세의료원 중입자 가속기
삼성서울병원 양성자 가속기
● 신규 건설 예정
◐ 운영중
○ 구축중
다목적 4세대(원형) 방사광 가속기
4세대(원형) 방사광 가속기
3세대(원형) 방사광 가속기
중이온 가속기 (선형) 대전
청주
포항
양성자 가속기 (선형) 경주
중입자 가속기 (선형) 부산

자를 가속하며, 중이온가속기는 훨씬 더 무거운 원자를 이온으로 만들어 가속하는 장치다.

방사광가속기는 주로 물질의 내부를 들여다보는 역할을 하며 기초과학과 산업 분야 연구에 두루 쓰인다. 또 양성자가속기는 신소재 개발 같은 공학 분야 연구, 암 치료 등에 활용된다. 중입자가속기는 암 치료에 특화된 가속기이며, 중이온가속기는 새로운 원소를 생성하는 연구, 우주 환경 연구, 반도체와신소재 개발 등 다방면에 활용된다.

방사광가속기 트리오

2027년 청주에 건설되는 4세대 원형 방사광가속기는 우리나라 최초의 가속기인 포항 3세대 원형 방사광가속기와 2017년 완공된 포항 4세대 선형 방사광가속기의 뒤를 잇는 후계자다. 큰형인 3세대와 4세대 아우 둘의 방사광가속기는 앞으로 수십 년 동안 우리나라의 과학과 산업 발전을 이끌어갈 트리오가 될 것이다.

방사광가속기는 세대에 관계없이 자기장을 이용해 전자를 빠르게 가속시켜 강한 X선을 발생시킨 뒤 그 빛을 물질에 쪼여서 물질의 구조를 분석하는 것이 핵심 원리다. 4세대는 3세대에 비해 빛이 100억 배 밝아서 더 정밀하게 물질을 분석할 수 있다는 차이가 있다. 4세대 방사광가속기가 만드는 방사광은 파장이 0.1~6nm(나노미터, 1nm=10억분의 1m)에 이를 정도로 매우 짧다. 그래서 생물체를 구성하는 단백질 등 나노미터 수준의 물질을 분석할 수 있다.

4세대 방사광가속기는 '매의 눈'에 비유할 수 있다. 세포를 구성하는 단백질처럼 나노미터 단위의 작은 물질의 내부를 3차원으로 생생하게 들여다볼 수 있기 때문이다. 특히

포항가속기연구소에 설치된 4세대 방사광가속기. 건물 안에 1.1km 길이의 선형가속기가 들어 있다.
ⓒ 포항가속기연구소

이런 나노미터 세계의 변화 양상을 펨토초(fs, 1fs=1000조분의 1초) 단위로 분석할 수 있어 마치 '동영상'처럼 생생한 관찰이 가능하다. 따라서 분자생물학 연구, 신약개발 등에 적격이다.

원형과 선형이라는 형태에 따른 차이는 크게 두 가지다. 우선 선형 방사광가속기는 짧은 시간 동안 변하는 물질의 구조를 관찰하는 데 유리한 반면, 원형 방사광가속기는 물질이 공간적으로 어떤 구조를 이루고 있는지를 분석하는 데 유리하다.

또 다른 차이는 활용성이다. 4세대 선형 방사광가속기는 구조상 방사광을 만든 뒤 3개의 실험실에서 동시에 활용하지만, 원형 방사광가속기의 경우 최대 60개까지 실험실을 늘릴 수 있어서 많은 연구를 한꺼번에 진행할 수 있다.

휴대전화 신화 도운 3세대와 최고 성능 자랑하는 4세대

이미 3세대와 4세대 방사광가속기가 있는데도 불구하고 새로 4세대 원형 방사광가속기를 짓는 이유는 무엇일까? 방사광가속기가 첨단 연구와 산업 발전에 꼭 필요한 도구이기 때문이다. 1994년 완성된 3세대 방사광가속기는 첨단 기술 발전에 큰 공을 세웠다. 삼성전자의 휴대전화 신화가 대표적인 사례다. 1999년 삼성전자는 휴대전화의 높은 불량률 때문에 고민하다가 가속기연구소를 찾아와 '휴대전화 비파괴검사'를 했다. 강력한 X선으로 휴대전화 내부를 들여다본 것이다. 그 결과 휴대전화 내부에 들어 있는 반도체 소자의 기준 축이 뒤틀린 것을 발견했으며, 납땜에 불순물이 들어 있는 것도 찾아냈다. 이 문제를 개선한 결과 불량률을 70%에서 10%로 낮출 수 있었다. 또 발기부전 치료제로 유명한 비아그라가 어떻게 치료 효과를 나타내는지도 포항의 3세대 원형 방사광가속기를 통해서도 밝혀졌다. 해당 연구 결과는 국제학술지 《네이처》의 표지를 장식하기도 했다.

4세대 방사광가속기는 2011년 건설되기 시작해 2015년 완공됐

포항 4세대 방사광가속기의
선형가속기 터널 내부에
설치된 가속관. 전자를 빛의
속도로 가속한다.
ⓒ 포항가속기연구소

다. 시운전을 거쳐 2017년 중순부터 본격적인 연구에 투입됐다. 4세대
방사광가속기는 본격 가동을 시작하자마자 세계적인 성능을 인정받았
다. 가동 이후 첫 연구자가 된 스웨덴 스톡홀름대 물리학과 앤더스 닐
슨 교수의 연구팀이 4세대 방사광가속기를 이용한 실험 결과를《사이언
스》 2017년 12월 22일 자에 게재한 것이다.

연구팀은 물 분자 구조의 변화를 연구했다. 물은 4℃에서 가장 밀
도가 큰 상태가 되는데, 이 때문에 추운 겨울에도 강물 위는 얼어붙지
만, 강바닥은 얼어붙지 않아 물고기들이 살 수 있다. 그간 물이 이런 특
성을 갖는 원리에 대해서는 다양한 이론적 가설만 존재했는데, 닐슨 교
수 연구팀이 펨토초 단위로 변하는 물 분자의 구조를 4세대 방사광가속
기로 관찰하면서 이유를 확인하는 데 성공했다.

연구팀은 물을 과냉각시킨 뒤 10μm(마이크로미터, 1μm=100만
분의 1m) 크기의 물방울을 만들어 4세대 방사광가속기로 X선을 쪼이면

서 물이 얼음으로 변하는 과정에서 나타나는 변화를 펨토초 단위로 분석했다. 분석 결과 연구팀은 가볍고 무거운 두 가지 구조의 물 분자가 동시에 존재하며, 두 상태가 서로 바뀌는 현상이 나타난다는 사실을 확인했다. 여러 가설 중에서 두 구조의 물 분자가 공존하면서 4℃ 이하에서는 가벼운 구조의 물 분자가 늘어난다는 'LLCP(Liquid-Liquid Critical Point)' 모델을 실험으로 입증한 것이다.

닐슨 교수 연구팀은 미국과 일본에 있는 4세대 방사광가속기를 모두 사용했지만, 만족스러운 결과를 얻지 못했고 포항의 4세대 방사광가속기로 실험한 뒤에야 원하는 결과를 얻는 데 성공했다. 그만큼 포항 4세대 방사광가속기의 성능이 뛰어나다는 뜻이다. 물의 분자 구조뿐 아니라 생물학, 재료공학, 신약개발 등 다양한 분야의 연구자들이 현재 포항 4세대 방사광가속기를 이용해 연구하고 있다. 특히 미국과 일본의 4세대 방사광가속기를 이용해본 연구자들은 하나같이 포항 4세대 방사광가속기의 성능을 칭찬한다. 청주에 4세대 원형 방사광가속기가 생기면 이런 4세대의 장점을 그대로 가져가면서 더 많은 연구자들이 동시에 다양한 연구를 진행할 수 있게 된다.

한국형 중이온가속기, 펨토 세계 문 연다

다음으로 2021년 완성될 예정인 한국형 중이온가속기 '라온'을 설명해보자. 라온은 한마디로 말하면 펨토 사이언스의 문을 여는 장치라고 할 수 있다. '나노 과학'은 이제 상품 광고에까지 등장할 정도로 대중에 익숙한 용어가 됐다. 하지만 펨토라는 단어는 비교적 생소한 개념이다. 펨토미터(fm)는 10억 분의 1m를 뜻하는 나노미터(nm)의 100만 분의 1밖에 안 되는 짧은 길이다. 나노미터와 펨토미터의 차이는 10km 길이의 도

대전에 들어서는 중이온가속기 '라온'의 조감도.
© IBS 중이온가속기건설구축사업단

로 위에 길이가 약 1cm인 땅콩 한 알이 떨어져 있는 것에 비유할 수 있다.

　나노 과학이 길이가 나노미터 단위인 분자의 세계를 다룬다면, 펨토 과학은 원자의 중심부에 있는 펨토미터 단위의 원자핵과 그것을 구성하는 양성자, 중성자의 세계를 탐구한다. 다양한 원자핵을 만든 뒤 환경에 따라 이들이 어떻게 변하고 어떤 작용을 하는지 살펴보는 것이다.

　물질은 양성자와 중성자가 이루는 원자핵에서 시작하는데, 원자가 모여 분자가 되고 다시 분자가 모여 물질로 구성된다. 나노 과학으로는 분자보다 큰 세계만 연구할 수 있다. 펨토 세계까지 다룰 수 있으면 물질을 근본적으로 이해하고 나아가 새로운 물질을 만들 수도 있다.

　앞서 소개한 방사광가속기는 물질의 내부 구조를 들여다보는 데 특화된 장비다. 또 대중적으로 많이 알려진 유럽입자물리연구소(CERN)의 가속기는 원자핵보다 더 작은 입자의 세계를 다룬다. 반면 중이온가속기는 원자핵에 대한 기초연구와 응용연구를 하는 장치다.

　예를 들면 지금까지 발견하지 못한 새로운 원소를 찾는 데 쓸 수 있다. 2016년 세계를 떠들썩하게 했던 일본 연구팀의 새로운 원소(원

라온에 설치되는 선형가속기
내부의 사중극자 구조. 십자
모양의 사중극자에 고주파
전력을 걸어줘 중이온 빔을
가운데로 모은 뒤 가속한다.
ⓒ IBS 중이온가속기건설구축사업단

자번호 113번) 발견은 중이온가속기를 이용한 대표적인 기초연구 성과다. 일본 이화학연구소(RIKEN) 모리타 고스케 연구원(규슈대 교수) 연구팀은 중이온가속기를 이용해 113번 원소를 발견했다. 그뿐만 아니다. 우리 몸을 구성하는 원소의 기원을 밝히는 연구에서부터 신소재와 신약 개발, 암 치료, 핵폐기물 처리, 농작물 육종까지 실질적인 활용처가 매우 다양하다.

깨고 부수고 새로 만드는 원자핵 놀이터

쉽게 말해 한국형 중이온가속기 라온은 펨토미터 세계를 들여다볼 수 있게 해주는 일종의 '현미경'이면서 동시에 새로운 원자핵을 만들어낼 수 있는 생성장치다. 이론적으로 존재할 것으로 예상되는 동위원소(핵종)의 종류는 약 1만 개인데(현재까지 자연계와 실험실에서 발견된 것 포함), 라온은 그중 80% 이상을 만들 수 있다. 이는 세계 최고 수준의 성능이다.

중이온가속기가 새로운 원자핵을 만들고, 원자핵에서 일어나는 일들을 살펴볼 수 있게 해주는 원리는 '가속'과 '충돌', '분열'이라는 세 가지 키워드로 정리할 수 있다. 우선 무거운(重) 원자를 이온 상태로 만든 뒤, 전자기력을 이용해 광속의 50%에 가깝게 가속한다(우라늄-238 기준).

이때 원자핵이 받는 전자기력을 극대화하기 위해 전자를 많이 떼어내 이온화시키는 것이 중요하다. 예를 들어 우라늄의 경우 한두 개 떼어낸 +1이나 +2 정도가 아니라 +33, +34로 이온화시킨다. 이렇게 이온화된 원자는 전자기장 속에서 빠르게 날아가 표적이 되는 원자핵과 충돌한다. 원자의 종류는 원자핵을 구성하는 양성자와 중성자의 수에 따라 구분되는데, 이 충돌로 원자핵이 분열하면서 여러 종류의 새로운 원자핵이 만들어진다.

충돌하는 원자핵의 조합에 따라 생성되는 원자핵도 다양해진다.

여기서 새로운 원소가 만들어질 수도 있고, 핵 내부의 구조를 들여다볼 기회도 생긴다. 한국형 중이온가속기 라온은 '온라인 동위원소 분리장치(ISOL)'와 '비행파쇄 동위원소 분리장치(IF)'를 동시에 이용해 희귀한 원자핵을 만들어 충돌시킬 수 있다는 점이 특징이다. 기존 중이온가속기들은 자연상태에서 안정적으로 존재하는 원자핵을 가속·충돌시키거나, ISOL 또는 IF 중 한 가지 방식만을 이용해서 희귀동위원소를 만들었다. 반면 라온은 두 가지 방법을 동시에 활용해서 수명이 아주 짧은 희귀한 원자핵을 인위적으로 만든 뒤 이들을 가속해 충돌시킨다. 그 결과 이전보다 다양하고 희귀한 원자핵을 만들 수 있다. ISOL과 IF를 동시에 적용한 방식은 라온이 세계 최초다.

'빅뱅 후 3분' 연구에서 차세대 암 치료법 개발까지

중이온가속기는 활용할 분야가 많다. 생물학자, 재료과학자, 물리학자, 천문학자 등이 가속기에서 나온 원자핵을 이용해 원하는 펨토 연구를 할 수 있다. 예를 들어 라온에 설치될 '되튐분광장치(KOBRA)'라는 연구 시설은 빅뱅 후 3분 뒤부터 우주에서 일어나는 현상을 연구한다. 학계에서는 빅뱅 뒤 3분 이내에 물질을 이루는 재료인 양성자와 중성자가 생겼을 것으로 보고 있다. 그리고 3분 이후부터 이들이 뭉치는 '핵융합' 과정이 일어나면서 헬륨(He)과 리튬(Li) 등의 더 무거운 원자핵이 생겼을 것으로 추정한다.

'빅뱅 핵합성'이라고 부르는 이 과정은 우주를 구성하는 원소들의 탄생 기원이라고 알려져 있다. 그중 특히 철(Fe)보다 무거운 원소들이 어떻게 만들어졌는지에 대해서는 아직 수수께끼다. 학자들은 무거운 원소들의 합성이 초신성이나 감마선 폭발처럼 폭발적인 천체환경에서 가능할 것으로 생각하고 있다. 중이온가속기를 이용하면 이런 환경을 인공적으로 만들어 핵반응이 어떻게 일어나는지를 직접 살펴볼 수 있다.

중성자별의 특성을 살펴볼 수 있는 연구시설도 만들어진다. 중성자별은 중성자들이 높은 밀도로 뭉쳐 있는 무거운 별이다. 즉 핵을 구성하는 중성자와 양성자의 조성비 차이가 매우 큰 극한 환경이라고 할 수 있다. 라온에서는 이런 환경에서 핵물질의 상태를 연구하기 위해 중이온충돌실험을 계획하고 있다. '대수용 다목적 핵분광장치(LAMPS)'라고 부르는 이 시설에서는 두 개의 무거운 중이온을 충돌시킨 뒤 지름이 2m에 이르는 원통형 검출기를 이용해 충돌로부터 나오는 입자들의 물리량을 측정한다. 이를 이용하면 중성자별과 같은 극한 환경에서 일어나는 현상들을 추정해 볼 수 있다. 중이온가속기를 이용하면 우주에서 온 천체 정보와 실험실에서 얻은 결과를 비교하고 검증할 수 있다는 뜻이다.

신소재와 반도체 개발 등에도 활용할 수 있다. 동위원소를 기존의 물질에 주입해 새로운 특성을 갖는 물질을 만들 수 있다. 반도체의 경우 현재 삼성전자에서는 해외 가속기 시설을 사용해 방사선에 대한 반도체의 안정성 평가를 하고 있는데, 라온이 생기면 국내에서 평가를 할 수 있다.

암을 치료할 차세대 방사선 치료법을 개발하기 위한 기초연구도 중이온가속기의 중요한 활용처다. 현재 부산 기장에 중이온가속기와 유사한 중입자가속기가 건설 중인데, 이 장치는 이미 임상에서 환자 치료에 쓰이는 탄소 동위원소를 생성한다. 탄소 동위원소가 표적이 되는 암세포와 충돌해 암세포를 파괴하는 방식이다. 반면 중이온가속기는 새로운 원소들을 방사선 치료에 적용해 탄소 동위원소의 단점을 보완할 수 있을지를 연구할 예정이다. 예컨대 헬륨(He), 붕소(B), 산소(O), 실리콘(Si) 등의 동위원소를 만들어 이들이 목표 위치에서 암세포를 파괴하는 능력이 얼마나 뛰어난지를 세포실험 혹은 동물실험으로 확인해 보는 식이다.

'미다스의 손' 양성자가속기

우리나라에는 2020년 현재 총 세 대의 양성자가속기가 있다. 한국

한국원자력연구원이
경북 경주에 구축한
양성자가속기연구센터
전경. 왼쪽 위 건물(네모)에
양성자가속기가 설치돼 있다.
ⓒ 한국원자력연구원

원자력연구원이 경상북도 경주에 구축한 양성자가속기, 경기도 일산의 국립암센터와 삼성서울병원에서 각각 보유한 양성자가속기다. 한국원자력연구원 양성자가속기연구센터는 2012년 경북 경주에 대용량 선형 양성자가속기를 구축했다. 미국과 일본에 이어 세계 세 번째로, 2013년부터 시운전을 시작했고, 2014년부터 정상 가동했다. 국립암센터와 삼성서울병원의 양성자가속기는 소규모 가속기로, 암환자 치료용으로 사용된다.

양성자가속기는 수소 원자에서 전자를 떼어낸 뒤 원자핵인 양성자를 전자기장으로 가속하는 장치를 말한다. 경주 양성자가속기는 양성자를 빛의 속도의 약 43% 수준인 초속 13만km까지 가속할 수 있다.

보통 양성자가속기라고 하면, 유럽입자물리연구소(CERN)에서 '신의 입자'로 불리는 힉스 입자를 발견했을 때 사용한 초대형 가속기(LHC)를 떠올리는 사람들이 있지만, 방식과 목적에서 차이가 있다. CERN의 가속기는 둘레가 27km에 이르는 원형가속기로, 서로 반대 방향으로 양성자를 쏴서 가속하다가 두 양성자를 충돌시켰을 때 나타나는 반응을 연구한다. 이때 원자핵을 구성하는 쿼크 같은 소립자들이 튀어나오는데, 2012년 이런 방식으로 힉스 입자를 처음 발견한 것이다.

반면 경주 양성자가속기는 길이가 75m인 선형가속기다. 또 양성자와 양성자를 충돌시키는 방식이 아니라 가속된 양성자를 다양한 종류의 목표물에 충돌시키는 방식을 쓴다. 충돌 에너지가 최대 14TeV(테라전자볼트, 1TeV=1조 eV)에 이르는 LHC에 비하면 경주 양성자가속기는 1만 분의 1 수준인 100MeV(메가전자볼트, 1MeV=100만 eV)에 불과하다. 하지만 가속할 수 있는 양성자의 수 측면에서는 LHC가 매우 적은 데 비해 양성자가속기는 초당 1경 개의 양성자를 가속할 수 있을 만큼 월등히 앞선다. 특히 고에너지가 필요 없는 대신 많은 양의 양성자

경주 양성자가속기의
선형가속장치. 원통형 탱크
내부에 설치된 금속관 사이로
전기력을 이용해 양성자를
가속한다. ⓒ 한국원자력연구원

공급이 필요한 물질 분석 및 물성 변화 등의 응용과학과 산업 분야 연구
에서 활용 가치가 높다.

양성자가속기를 비유적으로 설명하면 '미다스의 손'이라고 할 수
있다. 물질의 성질을 변화시키는 능력이 뛰어나기 때문이다. 가령 양성
자를 가속해 목표물에 충돌시키면 양성자가 그 물질에 들어가면서 물질
의 성질이 변하게 된다. 산소를 포함한 여러 원소로 이뤄진 물질의 경우
산소 원자핵에 양성자가 충돌해서 산소 원자가 탄소 원자로 바뀔 수 있
는데, 이 경우 전체 물질의 성질도 변하게 된다. 이런 이유로 양성자가
속기는 신소재 개발에 많이 쓰인다.

의료, 산업, 응용과학에 기여하는 일꾼

현재 경주의 양성자가속기는 연간 200명 이상의 연구자들이 신소
재 개발과 의료용 동위원소 개발 등 다양한 연구를 하는 데 활용하고 있
다. 의료용 동위원소의 경우 현재 질병을 진단하고 치료하는 데 필요한
구리(Cu), 스트론튬(Sr), 악티늄(Ac)의 동위원소를 생산하기 위한 연구
를 하고 있다. 구리의 원자번호는 29번으로 양성자와 중성자 수가 각각

양성자가속기의 핵심 시설인
선형가속장치 내부. 가운데
보이는 구멍으로 양성자가
이동한다. ⓒ 한국원자력연구원

29개다. 따라서 양성자와 중성자 수를 더한 질량수는 58이다. 하지만
양성자가속기를 이용해 중성자 9개를 더하면 질량수가 67인 구리의 동
위원소를 만들 수 있다. 질량수가 67인 구리는 암 치료에 쓰인다. 또한
질량수가 82인 스트론튬은 심근경색 진단에 활용되는 동위원소다.

　　양성자 빔을 이용해 다이아몬드의 발색을 바꾼 연구 사례도 있다.
양성자가속기연구센터 연구진은 수년 전에 저렴한 다이아몬드에 양성
자를 쪼여 양성자의 양에 따라 다이아몬드가 노란색에서 초록색, 그리
고 파란색으로 변하는 현상을 실험으로 확인한 바 있다. 원리는 이렇다.
양성자와 충돌한 탄소 원자의 일부가 자리를 이탈하면서 빈자리(격자
결함)가 생기고, 이 공간이 빛의 일부 파장을 흡수한다. 특히 빨간색 파
장을 잘 흡수하기 때문에 초록색이나 파란색으로 보이게 된다.

　　반도체 안정성을 확인하는 데에도 양성자가속기가 요긴하게 쓰인
다. 양성자가속기연구센터는 국내 반도체 기업들과 공동으로 각 기업에

서 개발한 반도체가 우주에서 날아오는 고에
너지 입자(양성자, 중성자 등), 즉 이른바 우
주 방사선(cosmic ray)에 영향을 받아 오류를
일으킬 확률 등을 검사하는 실험을 진행하고
있다. 반도체 회사의 고객인 자동차회사나 빅
데이터 기업 등은 반도체의 신뢰도를 확인한
자료를 요구하고 있어 반도체 회사 입장에서
는 꼭 필요한 작업이다.

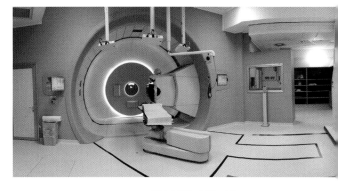

양성자 암치료장치. 이와
비슷하게 국립암센터와
삼성서울병원의
양성자가속기도 암환자
치료용으로 사용된다.
ⓒ 한국원자력연구원

　　국립암센터와 삼성서울병원에서 보유한 양성자가속기는 암환자
를 치료하는 데 직접적으로 사용하는 가속기다. 양성자를 가속한 뒤 환
자의 몸에 쏘여 암세포가 모여 있는 부위에서 에너지를 방출하게 만드
는 치료법이다. 방출된 에너지는 암세포를 파괴한다. 암세포가 있는 부
분에서만 에너지를 방출하기 때문에 기존 방사선 치료에 비해 효과가
좋고 부작용이 적다.

'현미경 듀오'로 활약 가능

　　양성자가속기는 '중성자 현미경'으로도 활용할 수 있다. 양성자를
물질의 원자핵에 충돌시키면 원자핵에서 중성자들이 방출되는데, 이 중
성자를 다른 물질에 쏘이면 마치 현미경처럼 물질의 구조를 들여다보
는 데 활용할 수 있다. 중성자가 물질을 구성하는 원자핵에 맞고 틀어진
경로나 에너지가 변한 정도를 확인해서 물질을 구성하는 원자의 종류와
배열 방식에 대한 정보를 얻을 수 있다.

　　덕분에 양성자가속기는 4세대 방사광가속기와 함께 '현미경 듀오'
로 활약할 수 있다. 앞서 설명한 것처럼 4세대 방사광가속기 역시 나노
미터 단위의 미시 세계를 들여다보는 현미경으로 쓰이는데, 그 원리가
서로 다르다. 방사광가속기는 X선과 물질 내부 전자의 반응을 통해 구
조를 보는 방식이어서 양성자가속기와는 다르다. 서로 장점이 다른 셈

이다.

4세대 방사광가속기는 물질 내에 있는 무거운 원자들을 잘 찾는 데 비해, 양성자가속기는 수소처럼 가벼운 원자를 잘 찾는다. 하나의 물질을 4세대 방사광가속기와 양성자가속기를 모두 이용해서 관찰하면 어디에 무거운 원자들이 있고 어디에 가벼운 원자들이 있는지 정확히 알 수 있을 것이다.

가속기 선진국으로 도약하는 발판

지금까지 방사광가속기와 중이온가속기, 양성자가속기를 중심으로 대한민국에 구축됐거나 곧 만들어질 입자가속기들에 대해 알아봤다. 가속기는 과학과 산업의 불모지였던 대한민국이 어느새 첨단기술 선진국이 됐다는 것을 나타내는 상징적인 시설이다.

이온빔 치료장치. 국내
병원에서 구축 중인 의료용
중입자가속기와 비슷한 장치다.
© Heidelberg University Hospital

다양한 종류의 가속기는 첨단 과학기술과 산업을 발전시키는 측면에서도 중요하지만, 가속기 건설에 필요한 첨단 기술을 국산화하고 다양한 분야에 관련 기술을 확산시킬 수 있다는 점에서도 중요하다. 가속하는 입자는 다르더라도 가속기 구축에 필요한 핵심 기술들은 기본적으로 유사하기 때문이다.

가속기를 건설하기 위해서는 토목과 건축 분야, 제어 분야, 진공 분야, 전자 분야 등 여러 분야에서 고도의 첨단 기술이 필요한데, 경주의 양성자가속기와 포항의 4세대 선형 방사광가속기를 구축하면서 터득한 기술적인 노하우는 중이온가속기 라온을 건설하는 데 도움을 줬다. 라온을 건설하는 과정에서 얻은 노하우는 또다시 4세대 원형 방사광가속기 건설에 활용될 것이다.

결과적으로 이런 노하우는 향후 한국의 기술로 해외 가속기를 건설하는 데 큰 디딤돌이 될 것이다. 가속기 건설을 계획하는 나라에는 세계 최고 수준의 가속기를 건설한 경험이 큰 매력으로 다가올 것이기 때문이다. 앞으로 국내 가속기를 이용해 얻은 값진 연구 결과만큼이나 국내 기술로 해외 가속기를 짓는다는 자랑스러운 소식을 기대해 본다.

초신성 폭발

이광식

성균관대 영문학과를 졸업했고, 한국 최초의 천문잡지 《월간 하늘》을 창간
해 3년여 발행했다. '우주란 무엇인가?'를 화두로 쓴 『천문학 콘서트』를 출
간한 뒤 『십대, 별과 우주를 사색해야 하는 이유』, 『잠 안 오는 밤에 읽는 우
주 토픽』, 『별아저씨의 별난 우주 이야기』, 『내 생애 처음 공부하는 두근두
근 천문학』, 『우리는 스스로 빛나는 별이다』, 『우주 덕후 사전』 등을 내놓았
다. 지금은 강화도 퇴모산에서 개인관측소 '원두막천문대'를 운영하면서 일
간지, 인터넷 매체 등에 우주 · 천문 관련 기사 · 칼럼을 기고하는 한편, 각
급 학교와 사회단체 등에 우주특강을 나가고 있다

베텔게우스,
초신성으로 폭발할까?

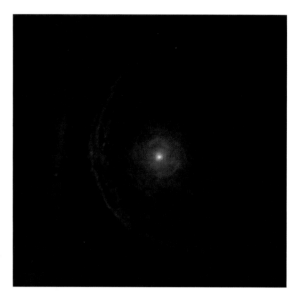

허셜 우주망원경으로 촬영한 적색
초거성 베텔게우스.
© ESA/Herschel/PACS/L. Decin et al

요즘 지구 행성의 밤하늘에 천문학자뿐 아니라 별지기들의 관심을 한 몸에 받는 별 하나가 등장했다. 바로 오리온자리의 알파(α)별 베텔게 우스(Betelgeuse)다.

베텔게우스는 크기가 무려 태양의 900배에 달하는 초거성이며, 밝 기가 변하는 변광성이다. 항성의 대기가 불안정해 내부 물질이 안팎을 오가면서 밝아졌다가 어두워지기를 반복한다. 약 200년 전인 1839년 이 별이 변광성임을 최초로 알아낸 사람은 천왕성을 발견한 윌리엄 허셜의 아들 존 허셜(1792~1871)이다.

베텔게우스는 원래 밝기가 변하는 변광성이었지만, 최근 급격한 밝기 변화를 보이면서 천문학계 일각에서는 초신성으로 폭발할지도 모 른다는 의견이 나오고 있다. 베텔게우스가 정말 초신성으로 폭발할지 검 토해보고, 이를 통해 별의 일생에 대해서도 자세히 알아보자.

요즘 밤하늘에서 '가장 핫한 별'

  겨울철 밤 8시쯤 나가서 남쪽 하늘을 보면 방패연처럼 생긴 오리온자리가 둥실 떠 있는 광경을 볼 수 있다. 오리온자리는 북반구 하늘에서 유일하게 1등성 두 개를 가지고 있는 겨울 별자리의 왕자다. 베텔게우스와 그 대각선상에 있는 베타(β)별 리겔이 바로 그 주인공이다.

  이 별자리의 왼쪽 위 귀퉁이를 보면 불그스레 빛나는 별 하나가 있는데, 요즘 지구촌 밤하늘에서 가장 핫한 별인 베텔게우스다. 칼을 쳐들고 있는 사냥꾼 오리온의 오른쪽 겨드랑이 부근에서 유난히도 밝게 빛나는 베텔게우스는 그래서 아라비아어로 '겨드랑이 밑'이라는 뜻을 갖고 있다.

  밤하늘에서 올려다보면 빤히 바라다보이는 베텔게우스지만, 놀라지 마시라, 거리가 무려 640광년이다. 1초에 지구 7바퀴 반, 즉 30만km를 달리는 빛이 640년을 쉬지 않고 달려야 닿는 어마어마한 거리다. 여러분이 오늘 밤 보는 베텔게우스 별빛은 바로 640년 전 그 별에서 출발한 빛이다. 그러므로 오늘 밤 우리가 보는 베텔게우스는 640년 전 과거 모습인 셈이다. 640년 전이라면 이성계가 고려왕조를 치기 위해 위화도에서 군대를 돌리던 바로 그 무렵이다.

  베텔게우스는 거리보다는 별의 크기와 밝기가 입을 딱 벌어지게 한다. 태양 지름의 무려 900배에 달하는 적색 초거성으로, 밝기는 태양의 10만 배를 훌쩍 넘는다. 만약 베텔게우스를 우리 태양 자리에 끌어다 놓는다면 수성, 금성, 지구, 화성은 확실히 베텔게우스에 먹혀 사라질 것이며, 별의 표면은 소행성대를 지나 목성 궤도 너머까지 미칠 것이다. 하나의 물건이 이처럼 크다니 참으로 놀라운 일이 아닐 수 없다.

  그런데 별이 덩치가 크다고 자랑할 일만은 아니다. 태양 같은 중간치 별은 보통 100억 년을 살지만, 태양 질량의 10배 이상 되는 덩치 큰 별들은 강한 중력으로 핵융합이 급격히 진행되는 바람에 연료 소모가 빨라 얼마 살지 못한다. 베텔게우스의 나이는 800만 년 정도로, 아직 1000만 년도 채 안 됐는데, 말기 증세를 보여 조만간 폭발할 것으로 예측되고

오리온자리의 베텔게우스.
왼쪽 위에 있는 붉은 별이다.

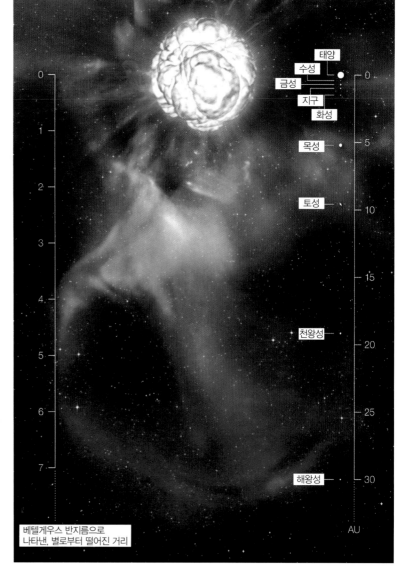

베텔게우스의 상상도. 별 표면이 끓어오르는 모습과 별에서 나오는 가스 기둥을 확인할 수 있을 뿐만 아니라 별의 크기도 태양계와 비교해볼 수 있다.
© ESO/L. Calçada

태양
수성
금성
지구
화성
목성
토성
천왕성
해왕성

베텔게우스 반지름으로 나타낸, 별로부터 떨어진 거리

AU

Jan 2019

Dec 2019

유럽남방천문대의 VLT로 2019년 1월과 12월에 각각 관측한 베텔게우스. 밝기가 많이 어두워진 것을 확인할 수 있다. © ESO/M. Montargès et al.

있다. 곧 초신성(supernova) 폭발을 눈앞에 두고 있다는 얘기다. 이것이 바로 세계의 천문학자들이 이 별을 주목하고 있는 이유다.

수소구름은 별들의 자궁

미국의 저명한 물리학자 리처드 파인먼에 따르면, 천문학 역사상 가장 위대한 발견은 우주 안의 모든 별이 지구에 있는 원소들과 동일한 종류로 이루어져 있음을 알아냈다는 것이다. 베텔게우스 같은 별은 무엇으로 이루어져 있을까. 태양을 별의 대표선수라 보고 그 구성 성분을 분석해보면, 태양 질량 약 4분의 3은 수소, 나머지 4분의 1은 대부분 헬륨이다. 그리고 총질량 2% 미만이 산소, 탄소, 네온, 철 같은 무거운 원소들이다. 참고로, 우주의 모든 물질 중 수소와 헬륨이 차지하는 비중은 99%인 데 비해 나머지 원소들의 비중은 1% 미만이다. 이런 점에서 볼 때 지구는 참으로 예외적인 존재라 할 수 있다.

밤하늘의 별들을 보면 영원한 존재들처럼 보이지만, 사실 별들도 인간과 같이 태어나고 살다가 늙으면 죽음을 맞는다. 별들이 태어나는 곳은 성운이라고 불리는 성간구름 속이다.

138억 년 전 빅뱅(대폭발)으로 탄생한 우주는 강력한 복사와 고온·고밀도의 물질로 가득 찼고, 우주 온도가 점차 내려감에 따라 가장 단순한 원소인 수소가 먼저 만들어졌으며, 이어서 수소가 융합하여 헬륨을 만들었다. 그러니까 수소가 모든 물질의 근원으로, 우주의 역사는 수소의 진화 역사라고도 할 수 있다.

우주 탄생으로부터 약 2억 년이 지나자 원시 수소가스는 인력의 작용으로 군데군데 덩어리지고 뭉쳐져 수소구름을 만들어갔다. 이것이 우주에서 천체라 불릴 수 있는 최초의 물체로서, 별의 재료라 할 수 있

별들이 태어나고 있는 오리온 대성운. 나비처럼 보이지만 너비가 24광년이나 된다.

다. 이윽고 우주 곳곳에는 엷은 수소구름이 수십, 수백 광년 지름의 거대 구름으로 생겨났고, 이것들이 중력으로 뭉쳐지면서 서서히 회전하기 시작하여 거대한 회전원반으로 변해갔다.

수축이 진행될수록 각운동량 보존법칙(계의 외부로부터 힘이 작용하지 않는다면 계 내부의 전체 각운동량이 항상 일정한 값으로 보존된다는 법칙)에 따라 회전 원반체는 점차 회전속도가 빨라지고 납작한 모습으로 변해가며, 밀도가 높아진다. 피겨 선수가 회전할 때 팔을 오므리면 더 빨리 회전하게 되는 원리와 같다. 이렇게 한 3000만 년쯤 뺑뺑이를 돌다 보니 이윽고 수소구름 덩어리의 중앙에는 거대한 고밀도의 수소 공이 자리잡게 되고, 주변부의 수소원자들은 중력의 힘에 의해 중심부로 낙하하는데, 이를 중력수축이라 한다.

그다음엔 어떤 일이 벌어질까? 수축이 진행됨에 따라 밀도가 높아진 분자구름 속에서 기체분자들이 격렬하게 충돌하여 내부온도가 무섭게 올라간다. 가스 공 내부에 고온·고밀도의 상황이 만들어지는 것이다. 이윽고 온도가 1000만 K에 이르면 가스 공 중심에 반짝 불이 켜지게 된다. 즉 수소원자핵 4개가 만나서 헬륨핵 하나를 만드는 과정에서

밀도가 높은 수소분자구름 속에서 항성이 태어나는 모습의 상상도. ⓒ NASA/JPL–Caltech/R. Hurt (SSC)

발생하는 결손질량이 아인슈타인의 유명한 공식 $E=mc^2$에 따라 에너지로 바뀌는 핵융합반응이 시작되는 것이다. 중력수축은 이 시점에서 멈추고, 외곽층 질량에 의한 중력과 중심부의 압력이 힘의 균형을 이루어 별 전체가 안정된 상태에 놓이면서 주계열성 단계(별의 중심부에서 수소 핵융합반응이 일어나는 전체적인 진화단계로 별의 일생 중 90% 이상을 차지한다)에 들어선다. 이런 상태의 별을 원시별(protostar)이라 한다.

그렇다고 금방 빛을 발하는 별이 되는 것은 아니다. 핵융합으로 생기는 복사 에너지가 광자(光子)로 바뀌어 주위 물질에 흡수되고 방출되는 과정을 거듭하면서 줄기차게 별 표면으로 올라오는데, 태양 같은 항성의 경우 중심핵에서 출발한 광자가 표면층까지 도달하는 데 얼추 100만 년 정도 걸린다. 표면층에 도달한 최초의 광자가 드넓은 우주공간으로 날아갈 때 비로소 별은 반짝이게 되는데, 이것이 바로 스타 탄생이다. 태양을 비롯해 모든 별은 이런 과정을 거쳐 태어난다.

지금 이 순간에도 우리은하 곳곳의 성운에서는 별들이 태어나고 있다. 지구에서 가장 가까운 별 생성 영역은 오리온자리에 있는 오리온 대성운이다. 약 1600광년 거리에 있는 이 대성운의 거대한 분자구름 가장자리에 수소와 먼지로 이루어진 빛나는 요람 안에는 지금도 아기별들이 태어나거나 태어나려 하고 있다. 말하자면 수소구름은 별들의 자궁인 셈이다.

별의 일생은 체급에 따라 달라져

같은 수소구름 속에서 태어난 별이라 해도 붕어빵처럼 똑같지는 않다. 크기와 색깔이 제각각이다. 아주 온도가 높은 푸른 별에서 낮은 온도의 붉은 별까지 다양하다. 항성의 밝기와 색은 표면 온도에 달려 있는데, 그 원인은 별의 덩치, 곧 질량이다. 별은 타고난 질량에 따라 각기 다른 생로병사의 일생을 살아간다. 그뿐만 아니라 그 죽음의 모습까지도 결정한다. 그러니까 별의 체급마다 임종의 풍경이 크게 다르다는 뜻

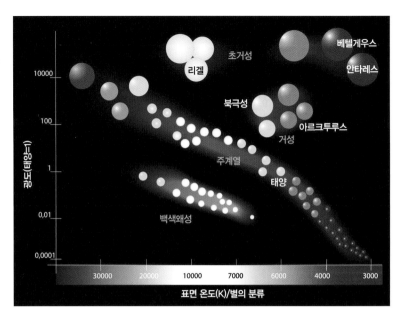

이다.

　별이 중심부에서 수소핵융합을 일으킬 수 있으려면 질량이 최소한 태양 질량의 0.08배는 돼야 한다. 질량이 그 이하로 작은 별은 중심에서 핵에너지를 생산할 만한 압력과 온도가 올라가지 않아 이른바 갈색왜성으로 어두운 별의 일생을 살아간다.

　다음 체급은 태양 질량의 0.08배에서 8배 이하의 별로, 우리 태양을 포함하는 체급이다. 항성 진화의 여정에 오른 별들에 있어 수소를 융합하여 헬륨을 만드는 주계열성 단계가 별의 일생에서 가장 긴 기간을 차지한다. 별의 생애 중 99%를 점하는 이 주계열성 기간에 별의 겉모습은 거의 변하지 않는다. 태양이 50억 년 동안 변함없이 빛나는 것도 그러한 이유다.

　작고 차가운 적색왜성들은 수소를 천천히 태우면서 주계열 선상에 길게는 수조 년까지 머무르지만, 반면 무거운 청색 주계열성들은 수백만 년밖에 머물지 못한다. 태양처럼 중간 질량의 항성은 주계열에 100억 년 정도 머문다. 한 항성이 자신의 중심핵에 있던 수소를 다 소진하면, 주계열을 떠나기 시작한다. 태양보다 50배 정도 무거운 별은 핵연료를 300만~400만 년 만에 다 소모해버리지만, 작은 별은 수백억 년을 주계열성으로 살기도 한다.

별의 연료로 쓰이는 중심부의 수소가 바닥나면 어떻게 될까? 별의 중심핵 맨 안쪽에는 수소핵융합 결과물인 헬륨이 남고, 중심핵의 겉껍질에서는 수소가 계속 타게 된다. 이 수소 연소층은 서서히 바깥으로 퍼져 나가고 헬륨 중심핵은 점점 더 커진다. 헬륨핵이 커져 별 자체의 무게를 지탱하던 기체 압력보다 중력이 더 커지면 헬륨핵이 수축하기 시작하고, 중력으로 수축할 때 나온 열이 바깥 수소 연소층으로 전달되면 수소는 더욱 급격히 타게 된다. 이때 별은 비로소 나이가 든 첫 징후를 보이기 시작하는데, 별의 외곽부가 크게 부풀어 오르면서 벌겋게 변하기 시작해 원래 별의 100배 이상 팽창한다. 이것이 바로 적색거성이다. 60억 년 후 태양이 이 단계에 이를 것이다. 그때 태양은 수성과 금성, 지구 궤도에까지 팽창하고, 지구 온도를 2000℃까지 끌어올릴 것이다.

별이 적색거성으로 살아가다가 수소가 다 타버리고 나면 자신의 중력에 의해 안으로 무너져내린다. 적색거성의 중력붕괴다. 붕괴하는 별의 중심부에는 헬륨핵이 존재한다. 중력수축이 진행될수록 내부의 온도와 밀도가 계속 올라가고 헬륨 원자들 사이의 간격이 좁아진다. 마침내 1억 ℃가 되면 수소가 타고 남은 재에 불과했던 헬륨에 불이 붙는다. 즉 헬륨 원자핵들이 융합해 탄소 원자핵이나 산소 원자핵이 되는 핵융합이 일어나는 것이다. 이렇게 항성의 내부에 다시 불이 켜지면 중력붕괴는 중단되고 항성은 헬륨을 태워 그 마지막 삶을 시작한다.

태양 크기의 항성이 헬륨을 태우는 단계는 약 1억 년 동안 계속된다. 헬륨 저장량이 바닥나면 항성 내부는 탄소나 산소로 가득 차게 된다. 모든 항성이 여기까지는 비슷한 삶의 여정을 밟는다. 하지만 그다음의 진화 경로와 마지막 모습은 다르다. 그것을 결정하는 것은 오로지 한 가지, 그 별이 타고난 질량이다. 태양 질량의 8배 이하인 작은 별들은 조용한 임종을 맞지만, 그보다 더 무거운 별들에는 매우 다른 운명이 기다리고 있다.

무거운 별의 마지막 단계, 초신성 폭발

작은 별은 적색거성 단계가 끝나면 별의 대기가 우주공간으로 계속 누출되고 중심핵이 바깥으로 노출된다. 중심핵은 계속 수축하면서 온도가 올라가 핵을 둘러싼 수소 껍질에서 핵융합이 일어나고 수소 껍질이 다 타버리면 서서히 식어 결국 핵융합반응도 종료된다. 별의 바깥 껍질층은 중심핵으로부터 바깥쪽으로 날려 나간다. 이때 태양의 경우 자기 질량의 거의 절반을 잃어버린다. 태양이 뱉어버린 허물들은 태양계의 먼 변두리, 즉 해왕성 바깥까지 뿜어져 나가 찬란한 쌍가락지를 만들 것이다. 이것이 바로 행성상 성운으로, 생의 마지막 단계에 들어선 별의 모습이다. 행성상 성운이란 과거에 정체를 모르는 상태에서 망원경으로 봤을 때 꼭 행성처럼 보여서 붙여진 이름이고, 행성하고는 아무런 관계도 없다.

이 별의 중심부는 탄소를 핵융합시킬 만큼 뜨겁지는 않으나 표면 온도는 아주 높기 때문에 희게 빛난다. 곧 행성상 성운의 한가운데에 자

가벼운 별과 무거운 별의 진화과정 태양과 같은 보통 별은 적색거성, 행성상 성운, 백색왜성으로 진화하는 반면, 베텔게우스처럼 무거운 별은 적색 초거성, 초신성, 중성자별이나 블랙홀로 진화한다.

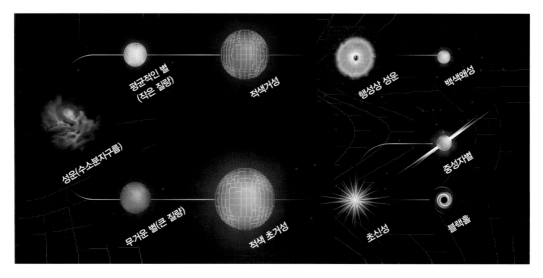

리하는 백색왜성이 되는 것이다. 이 백색왜성도 수십억 년 동안 계속 우주공간으로 열을 방출하면 끝내는 온기를 다 잃고 까맣게 탄 시체처럼 시들어버린다. 그리고 마지막에는 빛도 꺼지고 하나의 흑색왜성이 되어 캄캄한 우주 속으로 영원히 모습을 감추어버린다. 태양의 경우 크기가 지구만 한 백색왜성을 남기는데, 애초 항성 크기의 100만분의 1의 공간 안에 물질이 압축된다. 백색왜성에서 찻술 하나의 물질이 1톤이나 된다. 인간이 이 별 위에 착륙한다면 5만 톤의 중력이 가해져 즉각 분쇄되고 말 것이다.

태양보다 8배 이상 무거운 별들의 죽음은 장렬하다. 이런 별들은 핵융합이 단계별로 진행되다가 마지막에 규소가 연소해서 철이 될 때 중력붕괴가 일어난다. 이 최후의 붕괴는 참상을 빚어낸다. 초고밀도의 핵이 중력붕괴로 급격히 수축했다가 다시 강력히 바깥쪽으로 반발하면서 장렬한 폭발로 생을 마감하는 것이다. 이것이 바로 이른바 초신성 폭발이다. 거대한 별이 한순간에 폭발로 자신을 이루고 있던 온 물질을 우주공간으로 폭풍처럼 뿜어버린다. 수축에서 대폭발까지의 시간은 몇 분에 지나지 않는다. 수천만 년 동안 빛나던 거대천체의 임종으로서는 지극히 짧은 셈이다.

이때 태양 밝기의 수십억 배나 되는 빛으로 우주공간을 밝힌다. 빛의 강도는 초신성이 속한 은하가 내놓는 빛에 버금갈 정도로 밝다. 초신성 폭발은 우리 은하 부근에서 일어난다면 대낮에도 맨눈으로 볼 수 있을 정도로, 우주 최대의 드라마다. 그러나 사실은 '신성(新星)'이 아니라 늙은 별의 임종인 셈이다. 망원경이 없던 옛날에 못 보던 별이 나타난 것처럼 보여서 그런 이름을 얻었을 뿐이다.

만약 이런 초신성이 태양계에서 몇 광년 떨어지지 않은 곳에서 폭발한다면 엄청난 폭발력과 방사능으로 지구상의 모든 생명체는 순식간에 사라지고 말 것이다. 이처럼 큰 별들은 생을 다하면 폭발하여 우주공간으로 흩어지고, 그 잔해들은 성간물질이 되어 떠돌다가 다시 같은 경로를 밟아 다른 별로 환생하기를 거듭한다. 별의 윤회다.

우리는 별먼지로 빚어진 존재들

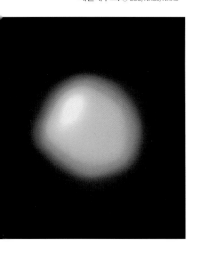

튀코의 별로 불리는
초신성 잔해. 덴마크의
천문학자 튀코 브라헤가
1572년 카시오페이아자리에서
발견했다. ⓒ NASA/CXC/SAO

세계 최대 전파망원경
'알마(ALMA)'로 포착한
베텔게우스. ⓒ ESO/NAOJ/NRAO

　　장대하고 찬란한 별의 여정은 대개 이쯤에서 끝나지만, 그 뒷이야기가 어쩌면 우리에게 더욱 중요할지도 모른다. 삼라만상을 이루고 있는 92개의 자연원소 중 철보다 가벼운 원소들은 수소와 헬륨 외엔 모두 별 속에서 만들어진 것들이다. 이처럼 별은 우주의 주방이라 할 수 있다.

　　그럼 원자번호 26인 철 이외의 중원소, 즉 원자번호 92인 우라늄까지는 어떻게 만들어졌을까? 바로 초신성 폭발 때 엄청난 고온과 고압으로 순식간에 만들어진 것들이다. 이것이 바로 초신성의 연금술이다. 대폭발의 순간 몇조 ℃에 이르는 엄청난 고온 상태가 만들어지고, 이 온도에서 붕괴하는 원자핵에서 해방된 중성자들이 다른 원자핵에 잡혀, 주기율표에서 철 이상의 은, 금, 우라늄 같은 중원소들이 항성의 마지막 순간에 제조된 것이다. 이것을 보면, 금을 만들겠다고 생고생했던 연금술사들의 노고가 다 헛것임을 알 수 있다. 그 속에는 인류 최고의 과학 천재 뉴턴도 끼어 있다. 뉴턴은 수학이나 물리보다 연금술에 더 많은 시간을 쏟아부었다고 한다.

　　어쨌든 항성은 일생 동안 제조했던 모든 원소를 대폭발과 함께 우주공간으로 날려보내고 오직 작고 희미한 백열의 핵심만 남긴다. 이것이 바로 지름 20km 정도의 초고밀도 중성자별이다. 중성자별에서 각설탕 하나 크기의 양이 1억 톤이나 된다.

　　한편 별의 생애 마지막 단계에서 중심핵이 태양 질량의 4배보다 무거우면 중력수축이 멈추어지지 않아 별의 모든 물질이 한 점으로 떨어져 들어가면서 마침내 빛도 빠져나올 수 없는 블랙홀이 생겨난다. 블랙홀은 '중력장이 극단적으로 강한 별'로 주위의 어떤 물체든지 빨아들이는 천체를 가리킨다. 일단 블랙홀의 경계면, 곧 사건 지평선 안쪽으로 삼켜진 물질은 결코 바깥으로 탈출할 수가 없다. 심지어 초속 30만 km인 빛조차도 블랙홀을 벗어날 수 없다. 그래서 블랙홀은 우리 눈으로 볼 수 없는 천체인 것이다.

중원소들은 초신성 폭발 때 순간적으로 만들어지는 만큼 많이 만들어지진 않는다. 바로 이것이 금이 철보다 비싼 이유다. 여러분의 손가락에 끼워져 있는 금반지는 두말할 것도 없이 초신성 폭발에서 나온 금으로 만든 것이다. 이 금은 지구가 생성될 때 섞여들어 금맥을 이루고, 그것을 광부가 캐어내 가공한 후 금은방을 거쳐 여러분의 손가락에 끼워진 것이다.

그런데 이보다 더 중요한 것은 인간의 몸을 구성하는 모든 원소, 즉 핏속의 철, 이빨 속의 칼슘, DNA의 질소, 갑상샘의 요오드 같은 원자 알갱이 하나하나가 모두 별 속에서 만들어졌다는 사실이다. 수십억 년 전 초신성 폭발로 우주를 떠돌던 별의 물질이 뭉쳐져 지구를 만들고, 이것을 재료 삼아 모든 생명체와 인간을 만든 것이다. 그러므로 우리는 어버이 별로부터 몸을 받아 태어난 별의 자녀들인 셈이다. 말하자면 우리는 별먼지로 만들어진 '메이드 인 스타(made in stars)'인 것이다.

이게 바로 별과 인간의 관계, 우주와 나의 관계다. 이처럼 우리는 별의 부산물이다. 우리 은하의 크기를 최초로 잰 미국의 천문학자 할로 섀플리는 이렇게 말했다. "우리는 뒹구는 돌들의 형제요, 떠도는 구름의 사촌이다(We are the brothers of the rolling stones and the cousins of the floating clouds)." 바로 우리 선조들이 말한 물아일체(物我一體)라 할 수 있다.

인간의 몸을 구성하는 원자의 3분의 2가 빅뱅 직후 우주공간에 나타났던 그 수소이며, 나머지는 별 속에서 만들어져 초신성이 폭발하면서 우주에 뿌려진 것들이다. 이것이 수십억 년간 우주를 떠돌다 원시 지구에 흘러들었고, 마침내 인간을 비롯한 생명체의 몸에 흡수됐다. 덕분에 나는 별이 빛나는 밤하늘 아래서 새의 지저귀는 소리를 들을 수 있다. 별의 죽음이 없었다면, 별이 자신의 몸을 우주공간으로 아낌없이 흩뿌리지 않았다면 당신과 나 그리고 새는 존재하지 못했을 것이다.

우주공간을 떠도는 수소 원자 하나, 우리 몸속의 산소 원자 하나에도 100억 년 우주의 역사가 숨 쉬고 있다. 이처럼 우리 인간은 우주가 태어난 이래 138억 년에 이르는 오랜 우주적 경로를 거쳐 지금 이 자리에 존재하게 된 것이다.

초신성 폭발 임박? 표면 절반을 가린 흑점?

거대한 흑점으로 뒤덮인
베텔게우스의 표면 상상도.
© Graphics Department/MPIA

베텔게우스가 최근 갑자기 주목을 받게 된 것은 이 별의 밝기가 지난 100년 이래 가장 낮은 수준으로 떨어졌기 때문이다. 평소 붉은색을 띠는 이 별은 원래 겉보기 밝기가 0.2등급에서 1.2등급까지 변하는 '변광성'이자 밤하늘에서 8번째 밝은 별이었다. 그런데 이 별의 겉보기 등급이 최근 3개월 만에 1.5등급 이하로 추락하더니 이윽고 20위 밖으로 밀려났다.

천문학계에 따르면, 베텔게우스는 2019년 10월 이후 점차 빛을 잃고 있고 이런 현상은 지금도 진행형이다. 변광성이라 짧게는 14개월, 길게는 6년 주기로 밝기가 바뀌지만, 다시 밝아져야 할 시점임에도 계속 어두워지고 있어 평소와 다르다는 의심을 사고 있다. 이를 근거로 천문학자들은 수명이 얼마 남지 않은 베텔게우스가 곧 임종을 맞을 것이라는 예상을 조심스레 내놓고 있다. 이 같은 거성의 임종은 곧 초신성 폭발을 뜻한다. 태양의 나이가 46억 년인데도 꾸준히 빛을 내는 것과 달리 베텔게우스는 태어난 지 1000만 년도 채 되지 않았지만 죽음을 코앞에 두고 있다는 설명이다. 보통 적색거성은 중심핵이 붕괴해 중성자별이나 블랙홀로 바뀌는 과정에서 에너지를 순간적으로 방출하는 초신성 폭발로 삶을 마감한다.

하지만 일부 학자들은 별의 밝기에 영향을 줄 원인이 많아 섣부른 예측은 아직 이르다고 보기도 한다. 예컨대 다른 원인이란 별을 탈출한 물질이 베텔게우스를 가리면서 별의 밝기를 떨어뜨릴 수도 있다는 말이다. 베텔게우스 주위에는 별이 커가는 과정에서 별을 탈출한 물질이 넓은 공간에 퍼져 있는데, 이 물질이 별을 가렸을 수도 있다는 분석이다.

그러나 최근 발표된 한 연구결과에 따르면, 베텔게우스의 급격한 밝기 감소는 일시적으로 항성의 표면 절반을 가린 흑점 때문이라고 밝혀졌다. 연구팀은 3230℃ 정도이던 베텔게우스의 표면 온도가 별이 어두워졌을 때는 약 200℃ 떨어진 것을 발견했다. 연구팀은 또 베텔게우스의 고해상도 이미지에 나타난 광도가 비대칭적 차이를 보이는 점을 근거로 광구의 50~70%가 거대한 흑점으로 덮여 있으며, 이 구역이 밝은 구역보다 낮은 온도를 보이는 것으로 분석했다.

하늘에 태양이 두 개 된다고요?

어쨌든 초신성 폭발은 한 은하에서 100년에 한두 번 일어나는 우주 최대의 드라마다. 가장 최근 관측된 초신성은 1987년 대마젤란은하의 독거미 성운 근처에서 폭발한 초신성 '1987A'이지만, 태양계가 속한 우리 은하에서 가장 최근에 발견된 초신성은 1604년 독일 천문학자 요하네스 케플러가 관측한 '케플러 초신성'이다. 1572년에 튀코 브라헤가 카시오페이아자리에서 발견한 '초신성 1572'에 이어 당대에 두 번째로 발견된 케플러 초신성은 당시 지구촌의 거의 모든 천문학자가 목격했는데, 한국의 고천문학 사료 곳곳에도 이 초신성 기록이 남아 있다.

『조선왕조실록』'선조 편'에는 케플러가 관측한 날보다 4일 빨리 조선의 천문학자들이 케플러 초신성을 관측한 기록이 있다. 선조 37년(1604년) 10월 13일(양력)부터 시작하여 7개월에 걸쳐 위치와 밝기를 관측한 결과가 다음처럼 적혀 있다. "밤 1경에 객성이 미수 10도에 있어, (북)극과는 110도 떨어져 있었으니, 형체는 세성(목성)보다 작고 색은 누르고 붉으며 동요하였다."

요컨대 우리 은하에는 400년 전 두 개의 초신성이 연달아 팡팡 터진 뒤 지금까지 잠잠하다는 얘기인데, 천문학자들은 그 이유를 '초신성은 위대한 천문학자들이 존재할 때만 터지기 때문'이라고 우스갯말을 하기도 한다. 만약 베텔게우스가 터진다면 우리는 400년 만에 희귀한 우주 쇼를 보게 되는 셈이다.

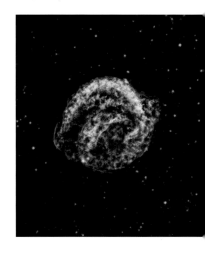

케플러 초신성.
1604년에 발견된 초신성으로
『조선왕조실록』에도
기록됐다.. © X-ray: NASA/CXC/
NCSU/M.Burkey

베텔게우스가 태어날 때는 태양 질량의 20배 정도였지만, 그동안 엄청난 질량 방출로 인해 지금은 태양 질량의 11배 정도에 불과하다. 따라서 가장 유력한 시나리오는 계속 핵융합을 하다가 중심핵에 철만 남는 순간 초신성 폭발을 일으키는 것이다. 중심핵은 붕괴한 뒤 지름 20km 정도의 중성자별이 남을 것이라고 한다.

만약 베텔게우스가 초신성 폭발을 한다면 어떤 현상이 벌어질까? 일단 한 은하가 내놓는 빛에 버금가는 빛을 내놓기 때문에 지구에서 약 2주간 밤이 없어질 것이다. 말하자면 낮에는 태양이, 밤에는 베텔게우스가 지구를 환히 비춰주는 진기한 현상을 보게 된다. 이후 베텔게우스는 2~3개월 동안 밝게 빛나다가 빠르게 어두워져 성운이 될 것이다.

이런 거성들이 폭발하면 어마어마한 양의 방사능을 쏟아내는데, 이에 비하면 일본 후쿠시마 방사능은 새 발의 피에 지나지 않는다. 그러니까 초신성이 폭발하는 데 얼씬거리다간 큰일 난다는 뜻이다. 하지만 베텔게우스의 폭발이 지구에 별 영향을 끼치지는 않을 것으로 예상된다. 이 별이 초신성으로 폭발할 때 별의 자극(磁極)이 지구를 향해 있다고 해도 거리가 워낙 멀어 지구는 자기장이 흔들릴 뿐 생명체에는 지장이 없을 것으로 보이기 때문이다.

문제는 베텔게우스의 정확한 폭발 시점인데, 과연 베텔게우스는 언제 터질까? 천문학자들은 '조만간' 터질 거라는 예측을 내놓는다. 천문학에서 '조만간'이란 며칠일 수도 있지만 수만 년, 수십만 년 뒤일 수도 있다. 앞으로 100만 년 이내에 언제라도 가능하지만, 내년이 오기 전에 일어날 가능성도 있다고 한다. 어쩌면 현장에선 벌써 터졌을 수도 있다. 그래 봤자 우리는 640년 후에나 알 수 있을 테니 말이다.

별지기들은 밤하늘을 올려다볼 때마다 습관적으로 오리온자리의 베텔게우스 쪽으로 눈길을 돌린다. 그 별이 혹시 터지나 하고. 우리 살아생전에 과연 그런 장관을 볼 수 있을까.

밤하늘에서 잡은
베텔게우스의 모습.
ⓒ ESO/Digitized Sky Survey 2.
Acknowledgement: Davide De Martin

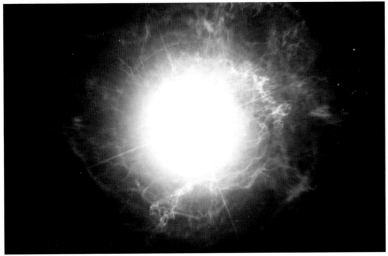

베텔게우스가 초신성 폭발을
일으키는 상상도.
ⓒ ESO/M. Kornmesser

인공광합성

강석기

서울대에서 화학을, 동 대학원에서 분자생물학을 공부했다. LG생활건강연구소에서 연구원으로 근무했으며, 2000년부터 2012년까지 동아사이언스에서 과학전문기자로 일했다. 지금은 과학전문 작가로 선업해 동아사이언스닷컴, 사이언스타임즈 등에 과학칼럼을 기고하고 있으며, SERICEO에서 '일상의 과학' 동영상 프로그램을 진행했다. 지은 책으로 『강석기의 과학카페』(1~9권), 『생명과학의 기원을 찾아서』 등이 있고, 옮긴 책으로 『반물질』, 『가슴 이야기』, 『프루프: 술의 과학』 등이 있다.

친환경 '그린수소' 인공광합성 시대 다가온다

1940년 2월 27일 버클리방사선연구소의 마틴 케이먼은 1935년 어니스트 로렌스(사진 속 인물)가 만든 지름 37인치 사이클로트론(사진 속 장치)으로 탄소14를 만드는 데 성공했다. ⓒ 로렌스버클리국립연구소

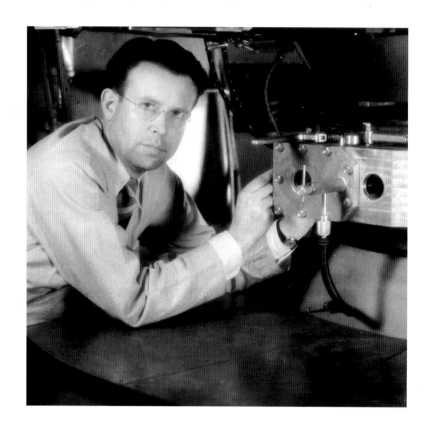

1940년 방사성동위원소 탄소14가 만들어졌다. 탄소14를 이용해 식물의 광합성에서 나오는 산소가 이산화탄소가 아니라 물에서 비롯된 것이라는 사실도 밝혀졌다. 1950년 무렵에는 마침내 식물이 물과 이산화탄소를 재료로 해서 유기물(포도당)을 만드는 광합성 경로(캘빈회로)가 규명됐다. 이후 식물의 광합성을 모방하려는 인공광합성 연구가 시작됐고, 2020년 합성생물학이라는 신기술까지 동원해 인공광합성 연구가 진행되고 있다. 머지않아 인공광합성 시대가 오면 식물처럼 광합성을 하는 '인공잎'을 쉽게 만날 수 있지 않을까.

탄소14 생성은 '노벨상 수상보다 기쁜 소식'

1940년 2월 27일 새벽, 미국 버클리 캘리포니아대 버클리방사선연구소(현 로렌스버클리국립연구소)의 화학자 마틴 케이먼은 지름 37인치(94cm) 사이클로트론으로 밤새 입자 충돌실험을 하다 퇴근했다. 벌써 3일째 낮과 밤이 바뀐 생활이었다. 낮에는 사이클로트론 이용 예약이 꽉 차 있었기 때문이다.

사이클로트론은 연구소의 어니스트 로렌스 소장이 1934년 처음 만든 원형의 입자 가속장치인데, 공교롭게도 로렌스는 이틀 뒤에 버클리 캘리포니아대에서 이 업적으로 1939년 노벨물리학상을 받을 예정이었다. 유럽에서 전쟁(제2차 세계대전)이 일어나 스웨덴에서의 수상이 미뤄지다 장기전 양상을 보이자 이례적으로 수상자가 있는 곳에서 수상식을 하기로 한 것이다.

사이클로트론으로 전자나 양성자, 중성자, 중양성자(중수소의 원자핵) 같은 입자를 빛의 속도에 가깝게 가속하면 엄청난 운동에너지를 지니게 돼 입자가 표적에 충돌할 때 새로운 동위원소를 만들 수 있다. 케이먼은 중양성자를 흑연에 때려 탄소의 동위원소를 만드는 프로젝트를 진행하고 있었다.

탄소 원자의 99%는 원자핵이 양성자 6개와 중성자 6개로 이뤄진 탄소12이고 나머지 1%는 양성자 6개와 중성자 7개로 이뤄진 탄소13인데, 둘 다 무척 안정하다. 그런데 1937년 안개상자 실험에서 탄소14, 즉 양성자 6개와 중성자 8개로 이뤄진 동위원소 입자의 궤적이 발견됨에 따라 사이클로트론으로 이를 만드는 시도를 한 것이다.

흑연을 이루는 탄소 원자의 1%는 탄소13이다. 케이먼은 중양성자가 탄소13에 부딪칠 때 원자핵에 흡수되고 동시에 양성자 하나가 튀어나가면서 탄소14가 만들어지는 사건이 드물게 일어날 것이라고 예상했다. 이렇게 만들어지는 탄소14는 꽤 불안정할 것이기 때문에 곧 안정한 질소14(양성자 7개와 중성자 7개)로 붕괴하면서 방사선을 내놓을 것이

1940년 탄소14를 만든 마틴 케이먼(아래)과 이를 확인한 사무엘 루벤(위). 2차 세계대전으로 광합성 연구가 중단된 뒤 전쟁 관련 연구를 하다 케이먼은 스파이 혐의로 연구소에서 쫓겨났고 루벤은 독가스 실험 중 사고로 사망했다. ⓒ 로렌스버클리국립연구소

라고 내다봤다.

케이먼은 밤새 10의 20승에 이르는 중양성자의 세례를 받은 흑연 시료를 병에 담아 공동연구자인 버클리 캘리포니아대의 화학자 사무엘 루벤에게 전달한 뒤 퇴근했다. 루벤은 일련의 화학처리로 흑연을 기체인 이산화탄소로 바꿔 방사능을 측정했다. 그 결과 방사선이 나온다는 것을 확인하고 이튿날 반복 실험으로 재확인했다. 즉 방사성동위원소인 탄소14를 만드는 데 성공한 것이다. 두 사람에게서 이 소식을 들은 로렌스는 노벨상 수상보다도 더 기뻐했다고 한다. 2020년은 인공적으로 탄소14를 만든 지 80년이 되는 해다.

뜻밖에도 탄소14의 방사선 세기는 며칠이 지나도 줄어들지 않았다. 즉 반감기가 꽤 긴 비교적 안정한 방사성동위원소라는 말이다. 케이먼은 대략적인 계산으로 탄소14의 반감기가 4000년에 이른다고 추정했다(훗날 5700년으로 밝혀졌다).

탄소14의 반감기가 이렇게 길다는 것은 핵물리학, 핵화학의 관점에서 특이한 일이지만, 이를 이용하면 여러 과학 분야에서 획기적인 결과를 얻을 수 있을 것이라는 사실이 더 중요했다. 케이먼과 루벤은 탄소14로 광합성 과정을 규명하는 연구에 착수했다. 즉 탄소14로 만든 이산화탄소를 투입해 식물이 광합성을 하게 한 뒤 잎을 채취해 탄소14가 포함돼 방사선을 내는 분자를 분석하면 광합성의 경로를 규명할 수 있기 때문이다.

광합성은 크게 두 단계로 나뉜다. 먼저 빛이 있어야 하는 '명반응'은 물분자를 수소이온과 전자로 쪼개는 과정인데, 이때 부산물로 산소 분자가 나온다. 다음은 빛이 필요 없는 '암반응'이다. 명반응에서 만들어진 고에너지 전자로 이산화탄소를 환원시켜 유기분자를 만드는 과정, 즉 캘빈회로다. 광합성 메커니즘은 생물 교과서에 자세히 소개돼 있으므로 여기서는 이 연구를 한 과학자들의 드라마틱한 삶을 스케치하고 넘어간다.

전쟁에 앞길 막힌 두 사람 vs 캘빈회로의 주인공

1913년생 동갑으로 당시 27세였던 케이먼과 루벤은 일이 잘 풀리면 노벨상도 탈 수 있는 궤도에 올랐다. 그런데 전쟁이 두 사람을 실은 열차를 탈선시켰다. 유럽의 전선이 확대되고 미국의 개입이 초읽기에 들어가면서 정부는 일상적인 연구를 중단시키고 각 기관에 전쟁에 관련된 연구를 할당했다. 그 결과 케이먼은 탄소14가 아닌 다른 동위원소를 만드는 일을 했고 루벤은 화학무기인 포스겐(강렬한 질식성 가스)의 생리효과를 규명하는 연구를 해야 했다.

불행은 루벤에게 먼저 찾아왔다. 1943년 어느 날 교통사고가 나 오른 손목이 부러진 루벤은 완치가 되지 않은 상태에서 연구를 재개했고 손가락에 힘이 없어 포스겐이 들어 있는 앰풀을 놓쳐 깨뜨렸다. 가스를 흡입한 루벤은 쓰러졌고 곧바로 병원으로 옮겨졌으나 그날 밤 사망했다. 실험에 천부적인 재능을 지녔던 생화학자가 어이없는 사고로 서른 살에 요절한 것이다.

루벤만큼 비극적이지는 않지만 케이먼의 불행 역시 만만치 않았다. 평소 사람 만나기를 좋아했던 케이먼은 한 모임에서 소련 사람 둘을 만나 방사성동위원소인 인32의 치료적 가치에 대해 조언을 해줬다. 그 뒤 이들은 감사의 뜻으로 케이먼에게 식사대접을 했다. 케이먼은 이런 행동이 미국 정보당국의 감시 대상이 되리라고는 꿈에도 생각하지 못했다. 케이먼은 버클리방사선연구소에서 해고됐고(본인은 영문도 모른 채) 다른 곳에도 취직하지 못했다. 그의 아내는 이런 경제적, 심리적 위기 상황을 견디지 못하고 1944년 이혼을 요구했다. 케이먼은 수년이 지나서야 지인들의 도움으로 워싱턴대의 사이클로트론 실험실에 일자리를 구했지만, 과거처럼 연구의 최전선에 나설 기회는 없었다. 케이먼은 2002년 89세로 작고했다.

전쟁이 끝나자 로렌스 소장은 탄소14를 이용한 광합성 연구를 이어갈 후임자를 물색했고 1946년 버클리 캘리포니아대의 화학자 멜빈

탄소14를 이용해 광합성 대사물을 규명하는 데 성공한 업적으로 1961년 노벨화학상을 수상한 멜빈 캘빈. ⓒ 로렌스버클리국립연구소

광합성 연구는 멜빈 캘빈이 앤드루 벤슨, 제임스 바삼과 함께했다. 1988년 함께한 세 사람의 모습으로 왼쪽부터 바삼, 벤슨, 캘빈이다.
ⓒ Karl Biel

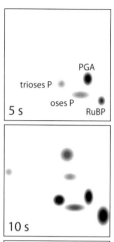

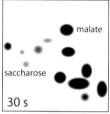

캘빈과 동료들은 방사성 동위원소인 탄소14로 만든 이산화탄소를 공급해 광합성을 하게 한 뒤 5초(위), 10초(가운데), 30초(아래) 뒤에 시료에서 탄소14를 포함한 화합물을 분석해 광합성 경로를 추적했다.ⓒ Scheme R Prat

캘빈 교수를 영입했다. 1911년생이었던 캘빈은 연구소에 생유기실험실을 차리고 생화학자인 앤드루 벤슨 박사, 대학원생 제임스 바샴과 함께 광합성 대사물을 규명하는 연구에 뛰어들었다.

탄소14를 이용한 기발한 실험 설계와 이를 검증하는 실험을 반복해 1950년 무렵 이들은 마침내 식물이 물과 이산화탄소를 재료로 해서 유기물(포도당)을 만드는 광합성 경로를 대략적으로 밝혀낼 수 있었다. 이 과정을 도식화한 그림은 오늘날 '캘빈회로(Calvin cycle)'로 불리고 있다. 캘빈은 이 업적으로 1961년 노벨화학상을 단독으로 수상했다.

1940년 탄소14를 만들었고 식물의 광합성에서 나오는 산소가 이산화탄소가 아니라 물에서 비롯된 것이라는 사실을 (루벤과 함께) 밝힌 케이먼은 물론이고 광합성 경로 규명 실험을 수행했던 벤슨과 바샴도 수상자가 되지 못했다. 특히 기여도가 컸던 벤슨이 자리가 두 개나 비었음에도 뽑히지 않은 건 미스터리다. 2015년 98세로 타계한 벤슨은 한 매체에서 조사한 '노벨상을 도둑맞은 과학자 10인'에 뽑히기도 했다.

진정한 그린수소를 얻으려면

20세기 후반 광합성의 복잡한 과정이 거의 규명되자 몇몇 과학자들이 인공광합성 시스템을 개발하는 연구에 뛰어들었다. 식물이 광합성으로 만든 유기분자 대부분은 식물체의 성장에 '벽돌'로 쓰이기 때문에 활용 효율이 낮다. 만일 인공광합성 시스템을 만들어 물과 이산화탄소를 투입해 원하는 유기분자만 만들어 뽑아 쓸 수 있다면 이게 바로 일석이조 아닐까(온실기체인 이산화탄소를 없애면서 유용한 물질을 얻으므로).

그런데 자연의 광합성이 워낙 복잡한 화학반응 네트워크인 데다 설사 이를 충실히 재현한다고 해도 도저히 경제성이 나오지 않는다는 게 문제다. 따라서 인공광합성 연구의 대부분은 명반응에 해당하는 것이다. 즉 빛을 이용해 물을 분해함으로써 수소분자를 얻는 과정이다. 수

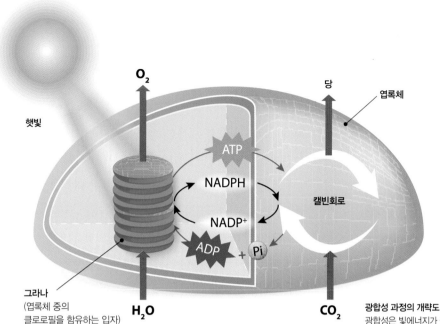

햇빛

O₂

ATP

NADPH

NADP⁺

ADP + **Pi**

캘빈회로

당

엽록체

그라나
(엽록체 중의
클로로필을 함유하는 입자)

H₂O

CO₂

광합성 과정의 개략도
광합성은 빛에너지가 필요한
명반응(light reactions)과
필요 없는 암반응, 즉
캘빈회로(Calvin cycle)로
이뤄진 복잡한 시스템이다.
명반응에서 물분자가
분해되면서 생긴 전자 두 개가
NADPH의 형태로 암반응에
공급된다. 현재 개발되고 있는
인공광합성 시스템은 대부분
전자 두 개와 수소이온 두
개를 결합시켜 수소분자를
'합성'한다.

소분자가 포도당 같은 유기물질은 아니지만, 친환경 연료로서 미래가
밝기 때문이다.

수소분자가 공기 중의 산소분자와 반응(연소)하면 에너지가 나
오는데, 이 과정에서 화석연료와는 달리 온실가스인 이산화탄소는 물
론 오염물질도 배출되지 않는다. 대신 물분자가 만들어지는 게 전부다
($2H_2 + O_2 \rightarrow 2H_2O$). 최근 대중매체에서 '수소차'나 '수소경제' 같은 말
을 들어봤을 텐데, 다들 수소분자 연료를 바탕으로 한다.

다만 아직까지는 수소에너지를 친환경이라고 부를 수 없다. 연소
과정만 보면 당연히 친환경이지만, 문제는 연료인 수소를 인공광합성으
로 생산하는 게 아니기 때문이다. 오늘날 수소의 98%는 천연가스의 주
성분인 메탄(CH_4)으로 만드는데, 이 반응에 에너지가 들어갈 뿐 아니라
수소와 함께 이산화탄소가 나온다($CH_4 + 2H_2O \rightarrow 4H_2 + CO_2$).

'메탄 한 분자에서 수소 네 분자가 나오는데…'라는 의문을 갖는
독자도 있겠지만, 메탄 한 분자는 탄소-수소(C-H) 결합이 네 개인 반

2016년 12월 미국의 니콜라가 공개한 수소 트럭 '니콜라 원'. 2018년 맥주회사 앤하이저부시로부터 최대 800대 선주문을 받아 2020년부터 공급하기로 했지만, 양산 체제를 갖추는 게 늦어져 2023년에야 출시될 것으로 보인다. ⓒ 니콜라

면 수소는 수소-수소(H-H) 결합이 하나다. 즉 메탄 한 분자가 연소할 때 나오는 에너지는 수소 네 분자가 연소할 때 나오는 에너지와 비슷하다. 결국 언제냐의 차이일 뿐 이산화탄소가 나오는 건 마찬가지라는 말이다.

따라서 인공광합성은 생산 과정에서 이산화탄소를 내보내지 않는 진정한 '그린수소'를 얻는 방법이다. 빛의 에너지로 물을 분해해 수소분자를 얻는 방법은 크게 세 가지가 있다. 먼저 태양광 패널과 전기분해를 조합한 시스템이다. 이걸 인공광합성이라고 부를 수 있느냐고 반문할 사람도 있겠지만, 물분자를 분해하는 전기에너지를 햇빛에서 얻으므로 넓게 보면 인공광합성이다. 수소트럭과 수소충전소를 만드는 회사로 '제2의 테슬라'로 불리는 미국의 니콜라는 이 시스템으로 수소를 생산해 공급할 계획이라고 한다. 태양광 패널을 만드는 우리나라 기업 한화가 파트너다. 태양광 패널과 물의 전기분해 전극 등 설비를 갖추려면 아직은 너무 비싸다. 물론 전극 같은 설비의 가격이야 떨어지겠지만 상당한 보조금을 받아야 경쟁력이 있을 것이다.

전기분해 대신 광촉매로 수소 생산?

농산물도 생산자와 직거래를 하면 소비자가 싸게 살 수 있듯이 빛에너지도 태양광 발전이라는 도매상을 거치지 않고 바로 물을 분해하는 데 쓸 수 있다면 좀 더 경쟁력 있는 '그린수소'를 얻을 수 있지 않을까. 실제 많은 화학자들은 이런 연구를 진행하고 있는데, 두 가지 방향이 있다.

먼저 광전기분해(photoelectrolysis)를 연구한다. 이 시스템은 빛에너지를 받아 물분자의 수산화이온(OH^-)을 산화시켜 산소분자를 만드는 광양극(photoanode)과 여기서 전자를 받아 수소이온(H^+)을 환원시켜 수소분자를 만드는 음극(cathode)으로 이뤄져 있다. 광양극이 태양광 패널을 대신하는 셈이다. 그럼에도 역시 전극 등 설비를 갖추는 비용이 만만치 않다.

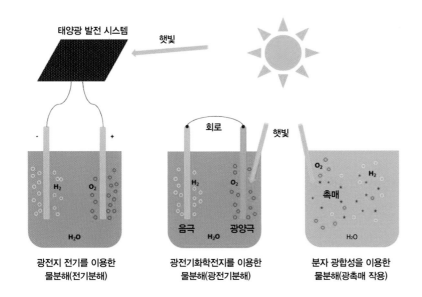

태양광 발전 시스템

햇빛

H_2 O_2

H_2O

광전지 전기를 이용한
물분해(전기분해)

회로

햇빛

H_2 O_2

음극   광양극
H_2O

광전기화학전지를 이용한
물분해(광전기분해)

O_2 H_2

촉매

H_2O

분자 광합성을 이용한
물분해(광촉매 작용)

그린수소를 얻기 위해 인공광합성을
이용하는 연구 3가지
먼저 태양광 패널과 전기분해를 조합한
방법(왼쪽)으로 이미 수소를 양산하고
있지만, 경쟁력이 없다는 게 문제다.
최근에는 광양극이 빛에너지를 받아 물을
산화시키고 회로를 통해 음극으로 전자를
보내 수소를 만드는 광전기화학전지(PEC
cell)가 활발히 연구되고 있는데(가운데),
양자 효율이 5%에 이른다. 전극 없이 물에
촉매 입자만 분산시켜 수소를 생성하는
광촉매(오른쪽)는 아직 효율이 가장 낮지만,
최근 일본 연구진이 보조촉매를 결합한
방식을 개발해 효율을 획기적으로 높일 수
있는 발판을 놓았다. ⓒ 취리히대

　다른 하나인 광촉매(photocatalysis)는 자연의 광합성과 가까운 메커니즘으로 수소를 만드는 방식이다. 광합성 과정을 보자. 엽록소가 빛을 받아 전자를 뺏기면 여기에 연결돼 있는 산소발생복합체에서 물분자가 산화돼 산소분자와 수소이온으로 바뀌고 전자는 엽록소로 흘러간다. 그 뒤 여러 단계를 거쳐 전자는 $NADP^+$와 H^+를 NADPH로 환원시킨다. 따라서 NADPH 대신 수소(H_2)를 만들게 시스템을 살짝 바꾸면 될 것 같다.

　그러나 광합성의 물분해 시스템은 너무나 복잡해 상용화 비용으로는 도저히 재현할 수 없다. 따라서 빛에너지로 물을 분해하는 새로운 광촉매를 만들어야 하는데, 빛에너지를 수소로 바꾸는 양자 효율이 10%는 넘어야 경쟁력이 있다. 양자 효율(quantum efficiency)이란 양자이론에 따라 빛을 입자, 즉 광자(photon)로 봤을 때의 에너지 변환 효율이다.

　광촉매를 이루는 원소에 묶인 전자가 광자를 흡수해 에너지가 높아지면서 촉매 표면으로 이동하고 여기서 물분자의 수소이온(H^+)을 만나 환원시키면서 수소분자가 만들어진다. 이 과정에서 빛을 흡수해 자유로워진 전자가 모두 수소이온을 환원시키는 데 쓰였다면 양자 효율이 100%다. 사실 양자 효율 10%는 별거 아닌 것 같지만 아직 꿈같은 얘기다. 참고로 광합성 과정에서 광자를 흡수한 엽록소의 전자가 $NADP^+$와 H^+를 NADPH로 환원시키는 양자 효율은 100%에 가깝다. 광합성이 자연의 경이인 이유다.

광합성에 맞먹는 효율 얻었지만

2020년 학술지 《네이처》에는 파장 350~360nm(나노미터, 1nm=10억분의 1m) 영역, 즉 자외선 영역에서 양자 효율이 96%에 이르는 광촉매를 개발하는 데 성공했다는 일본 연구자들의 논문이 실렸다. 이들은 기존 스트론튬 티타나이트(strontium titanate) 광촉매 나노입자의 표면에 보조촉매 2종을 더해 양자 효율을 극적으로 높일 수 있었다. 그렇다고 문제가 해결된 건 아니다. 파장 380~750nm의 가시광선 영역이 대부분인 태양광에서 자외선이 차지하는 비중이 얼마 안 돼 전체 파장의 빛에너지로 보면 양자 효율이 1%도 되지 않는다. 그럼에도 이번 연구결과가 주목을 받는 이유는 보조촉매를 도입한 이 방법을 현재 개발되고 있거나 앞으로 개발될, 가시광선 영역의 빛을 흡수하는 촉매에 적용하면 마의 10% 선을 넘을 수도 있기 때문이다.

반도체인 스트론튬 티타나이트가 자외선 영역의 빛(광자)을 흡수하면 전자가 떨어져 나가 물을 분해해 수소를 만들 수 있다는 사실은 이미 1977년 미국 MIT의 화학자들이 밝혔다. 그러나 당시 양자 효율은 꽤 낮았다.

이번 논문의 교신 저자인 나고야 신슈대 도멘 가주니리 교수는 대학원생 시절인 1980

일본 신슈대 도멘 카주나리 교수팀이 개발한 광촉매의 작동 메커니즘
빛(자외선)을 받아 스트론튬 티타나이트 입자 내부에서 만들어진 전자(electron)와 정공(hole)이 각각 입자 표면의 다른 면에 코팅된 두 보조촉매로 이동하면서 물분자가 분해돼 수소와 산소가 생성된다. © Nature

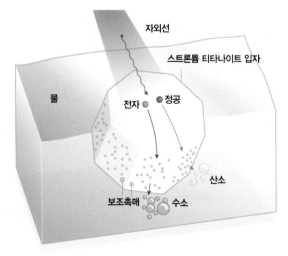

자외선

스트론튬 티타나이트 입자

물

전자   정공

산소

보조촉매   수소

년 스트론튬 티타나이트 광촉매에 대한 첫 논문을 발표한 이래 40년 동안 효율을 높이는 연구에 끈질기게 매달렸고 이번에 극한의 경지에 다다른 것이다. 광촉매의 양자 효율이 낮은 가장 큰 요인은 빛을 받아 분리된 전자와 정공이 다시 합쳐져 원래대로 돌아가는 데 있다. 따라서 전자와 정공이 만들어지자마자 표면으로 빨리 이동해 각각 물분자의 수소이온을 환원시키고(수소발생반응) 수산화이온을 산화시키는 데(산소발생반응) 쓰여 소진돼야 한다. 도멘 교수팀이 이 반응을 더 빨리 일으킬 수 있는 보조촉매를 개발한 이유다.

이들은 많은 시도 끝에(물론 다른 연구팀의 결과도 참고해) 수소이온을 환원시키는 보조촉매로 로듐/산화크롬이, 수산화이온을 산화시키는 보조촉매로 코발트산화물이 최적의 조합임을 발견했다. 그 이유는 두 보조촉매가 스트론튬 티타나이트 나노입자(결정) 표면에 달라붙는 선호도가 결정면에 따라 꽤 달랐기 때문이다.

수소발생반응 보조촉매인 로듐/산화크롬은 결정 방향 〈100〉의 표면에 주로 코팅되는 반면, 산소발생반응 보조촉매인 코발트산화물은 결정 방향 〈110〉의 표면에 주로 코팅됐다. 따라서 빛을 받은 스트론튬 티타나이트에서 생성된 전자는 〈100〉 방향으로 흐르고 정공은 〈110〉 방향으로 흘러 서로 만나 합쳐지며 소멸될 가능성이 확 줄어들었다. 그 결과 100%에 가까운 양자 효율이 구현된 것이다.

연구자들은 논문 말미에서 가시광선의 넓은 파장 범위에서 빛을 흡수하는 새로운 광촉매 개발을 보고한 자신들의 논문 두 편을 소개했다(각각 2018년 《네이처 촉매》, 2019년 《네이처 재료》에 실렸다). 여기에 이번에 개발한 보조촉매 개념을 적용하면 양자 효율이 10%에 이를 수도 있다고 내다봤다.

두 보조촉매가 코팅된 스트론튬 티타나이트 입자(결정)의 전자회절패턴(위)과 입자의 투과전자현미경 이미지(아래 왼쪽). 〈100〉 결정 방향의 표면에는 수소생성반응 보조촉매(HER cocatalyst)가 코팅되고 〈110〉 방향의 표면에는 산소생성반응 보조촉매(OER cocatalyst)가 코팅돼 96%에 이르는 양자 효율이 구현됐다(아래 오른쪽).
ⓒ Nature

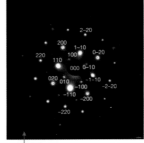

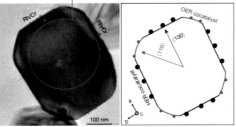

암반응 재현 연구도 활발

그렇다고 모든 인공광합성 연구가 명반응에 국한된 건 아니다. 자연의 광합성처럼 이산화탄소를 원료로 해서 유기분자를 만드는 연구도 활발히 진행되고 있다. 온실가스를 없애면서 유용한 물질을 얻는 '일석이조'의 방법이기 때문이다. 어떻게 보면 진정한 인공광합성인 셈이다. 잎이 빛과 물, 이산화탄소로 포도당을 만들듯이 같은 에너지와 원료로 유기분자를 만들기 때문이다.

광합성의 양자 효율이 100%에 가깝다지만 이는 빛에 의한 물분해에 해당하는 얘기로 최종산물인 유기분자가 만들어지는 과정까지 가면 3~4%로 뚝 떨어진다. 게다가 유기분자 대부분이 식물체를 이루는 데 쓰이기 때문에 이를 쓸모 있는 재료로 바꾸는 게 쉬운 일이 아니다. 인류는 수천 년에 걸쳐 몇몇 식물을 작물화해 이들이 만든 유기물의 일부(씨앗이나 열매, 뿌리)를 식량으로 삼았고 지금도 그 목적으로 작물을 재배하고 있다.

현재 몇몇 작물이 만든 유기물을 발효시켜 바이오에탄올과 바이오디젤을 만들고 있기는 하지만, 농지를 확보하기 위한 숲 파괴, 식량용 작물 재배 감소로 인한 농산물 가격 상승 등 부작용이 만만치 않다. 그렇다고 식물 게놈을 조작해 광합성 산물로 연료나 재료를 직접 만들 게 하는 것도 아직 먼 얘기다. 유기분자를 만드는 인공광합성 연구가 필요한 이유다.

인공광합성 연구를 이끌고 있는 미국 하버드대 화학과 대니얼 노세라 교수팀은 기존 광전기분해 장치에 미생물을 더해 빛과 물, 이산화탄소로 유기분자를 만드는 '생무기인공광합성' 시스템을 개발했다. 즉 광양극이 빛에너지를 흡수해 물을 산소와 진자, 수소이온

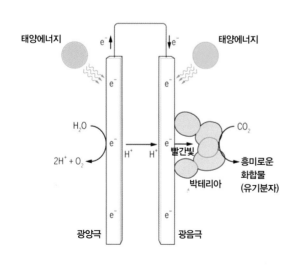

미국 하버드대 대니얼 노세라 교수팀이 개발한 광무기인공광합성 시스템의 모식도
광전기화학전지의 광양극이 빛에너지를 받아 물을 산화시키고 회로를 통해 음극으로 전자를 보내면 이곳에 서식하는 박테리아(스포로무사 오바타)가 전자와 주변 이산화탄소로 원료로 해서 유기분자(아세트산)를 만든다..
© Science

태양에너지　　　　　　　　태양에너지

H_2O

$2H^+ + O_2$

H^+　H^+

빨간빛

박테리아

CO_2

흥미로운 화합물 (유기분자)

광양극　　　　　　광음극

(양성자)으로 쪼개고 박테리아가 음극에서 전자를 받아 주변 이산화탄소를 유용한 물질로 바꾸는 시스템이다.

생무기인공광합성 시스템의 이점 가운데 하나는 미생물 균주에 따라 아세트산, 부탄올, 이소프레노이드 등 다양한 산물을 만들 수 있다는 것이다. 노세라 교수팀은 2015년 학술지《나노레터스》에 발표한 논문에서 티타늄산화물/실리콘 광양극과 아세트산을 만드는 박테리아인 스포로무사 오바타(*Sporomusa ovata*)를 음극인 실리콘 나노와이어 안에 배양하는 생무기인공광합성 시스템을 소개했다. 이 시스템은 200시간까지 안정적으로 작동했고 리터당 6g의 아세트산을 생산해냈다. 다만 에너지변환효율이 0.38%로 광합성의 10분의 1 수준이라 상용화를 이루려면 효율을 한참 더 끌어올려야 한다. 당시 노세라 교수는 머지않아 상용화가 될 것이라고 자신했지만, 아직까지 얘기가 없는 것으로 보아 고전하고 있는 것으로 보인다.

인공엽록체 만들어

독일 막스플랑크육상미생물학연구소 생화학·합성대사과 토비아스 에브 교수는 합성생물학 기법을 이용한 인공광합성 연구를 주도하고 있다. '합성생물학'은 생물의 구조나 촉매(효소)를 변형해 자연의 생물 시스템을 재구성하는 분야다.

에브 교수팀은 2016년 학술지《사이언스》에 암반응인 캘빈회로의 효율을 훨씬 뛰어넘는 이산화탄소 고정 경로인 'CETCH 회로'를 개발해 소개한 논문을 발표했다. 이들은 무려 9가지 생물 종에서 17가지 효소의 유전자를 가져와 이를 발현시켜 이산화탄소에서 글리옥실레이트(glyoxylate)라는, 탄소 원자 두 개짜리 유기분자를 만드는 시스템을 만들었다.

9가지 종 가운데 정작 식물은 애기장대 하나뿐이고 나머지는 박테리아(세균), 아케아(고세균)에 사람(동물)까지 포함된다. 즉 광합성과

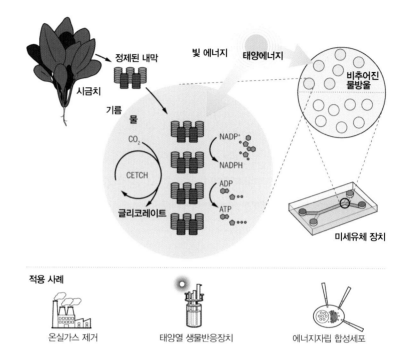

독일 막스플랑크육상
미생물학연구소 토비아스
에브 교수팀이 개발한
인공엽록체 시스템
에브 교수팀은 리포솜이라는
세포 크기의 물방울 안에
시금치의 엽록체에서 추출한
내막(thylakoid)과 16가지
효소로 이뤄진 CETCH
회로(최신 버전)를 넣어
빛을 쪼이면 이산화탄소를
환원시켜 유기분자인
글리코레이트를 만드는
시스템을 구현했다.
인공엽록체는 온실기체 제거
등 여러 분야에 쓰일 수 있다.
ⓒ Science

전혀 관계가 없는 생체 반응에 관여하는 효소를 가져다 필요한 곳에 부품처럼 끼워 넣어 효율성이 높은 시스템을 만든 것이다. 이 과정에서 촉매 효율이 뛰어난 효소의 유전자에 변이를 일으켜 원래 반응이 아니라 이들이 원하는 반응을 일으키게 효소의 성격을 바꾸기도 했다.

이들이 만든 건 광합성의 절반인 암반응을 대신하는 시스템으로 효율이 캘빈회로보다 37배나 높았다. 그러나 외부에서 명반응의 산물인 ATP와 NADPH 분자를 계속 공급해줘야 한다는 구조적인 한계가 있었다. ATP는 암반응 과정에 필요한 에너지를 공급하는 분자이고, NADPH는 명반응에서 나온 고에너지 전자를 담고 있는 분자로 이산화탄소 환원에 필요하다.

2016년 논문을 발표한 뒤 에브 교수팀은 CETCH 회로에 명반응을 더한 진정한 광합성 시스템을 구축하는 연구를 진행했고 4년 만인 2020년 《사이언스》에 그 결과를 발표했다. 논문에서 이들은 세포 크기의 '엽록체 모방체(chloroplast mimic)'를 만들어 빛이 있는 조건에서 스스로 ATP와 NADPH를 합성한 뒤(명반응) CETCH 회로로 글리콜레이트(glycolate, 글리옥실레이트를 환원해 얻음)를 생산하는(암반응) 시스템을 소개했다.

다만 명반응을 일으키는 부분은 합성생물학이 아니라 기존 엽록체의 구조를 가져다 썼다. 따라서 엄밀히 말하면 반합성(semisynthetic) 광합성 시스템이다. 즉 시금치의 엽록체에서 명반응이 일어나는 내막(틸라코이드)을 추출해 리포솜 안에 집어넣었다. 리포솜(liposome)은 지질(계면활성제) 단일층으로 막을 이룬 아주 작은 물방울로 그 구조가 안정적으로 유지된다. 즉 안에 엽록체 내막과 CETCH 회로의 구성요소를 지닌 리포솜이 바로 인공엽록체다. 이들이 만든 리포솜은 평균 지름이 92μm(마이크로미터, 1μm=100만분의 1m)로 진핵세포 크기다.

이 인공엽록체 시스템에 빛을 비추자 틸라코이드에서 명반응이 일어나 ATP와 NADPH가 만들어졌고 동시에 CETCH 회로가 작동해 글리콜레이트를 생산했다. 연구자들은 미세유체공학 기술을 이용해 인공엽록체 시스템을 대량으로 쉽게 만들 수 있기 때문에 안정성과 효율성을 좀 더 높인다면 여러 분야에 응용할 수 있을 것으로 내다봤다. 즉 인공광합성뿐 아니라 대기 중 이산화탄소 제거 시스템이나 스스로 에너지를 만드는 합성세포 시스템에 쓰일 수 있다.

방사성동위원소인 탄소14가 만들어진 지 80년이 되고 이를 이용해 광합성 메커니즘을 규명한 지 70년이 되는 2020년 까마득한 후배 과학자들이 합성생물학이라는 신기술까지 동원해 인공광합성 연구에 매진하고 있다. 탄소14 제조 100주년이 되는 2040년에는 오늘날 태양광 패널처럼 '인공잎'이 우리 주변 곳곳에 매달려 있지 않을까.

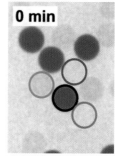
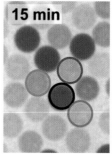
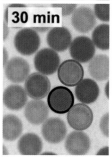

인공엽록체 시스템을 담은 리포솜의 현미경 이미지. 광합성 명반응의 산물인 NADPH가 만들어지면 형광을 내게 만들었다. 빛을 쪼이고 15분(가운데), 30분(아래)이 지나자 많은 리포솜에서 NADPH가 만들어졌음을 알 수 있다.
© Science